三次采油技术丛书

化学驱油田化学应用技术

程杰成　王庆国　赵昌明　等著

石油工业出版社

内 容 提 要

本文全面介绍了与化学驱采油工艺有关的油田化学关键应用技术，包括三元复合驱机采井化学清防垢技术、化学驱增产增注技术、化学驱深度调剖技术和化学驱堵水技术。重点阐述了各项油田化学应用技术的工艺原理、配方体系、性能评价、工艺设计及矿场应用。

本书可供从事采油工程的技术人员、管理人员及高等院校相关专业师生阅读和参考。

图书在版编目（CIP）数据

化学驱油田化学应用技术 / 程杰成等著 . —
北京：石油工业出版社，2022.5
（三次采油技术丛书）
ISBN 978-7-5183-4486-4

Ⅰ . ①化…　Ⅱ . ①程…　Ⅲ . ①化学驱油 – 油田化学 –
研究　Ⅳ . ① TE39

中国版本图书馆 CIP 数据核字（2020）第 270199 号

出版发行：石油工业出版社
　　　　　（北京安定门外安华里 2 区 1 号楼　　100011）
　　　　　网　　址：www. petropub. com
　　　　　编辑部：（010）64523546　图书营销中心：（010）64523633
经　　销：全国新华书店
印　　刷：北京中石油彩色印刷有限责任公司

2022 年 5 月第 1 版　2022 年 5 月第 1 次印刷
787×1092 毫米　开本：1/16　印张：8
字数：200 千字

定价：80.00 元
（如出现印装质量问题，我社图书营销中心负责调换）

丛书前言

我国油田大部分是陆相砂岩油田，砂岩油田油层层数多、相变频繁、平面和纵向非均质性严重。经过多年开发，大部分油田已进入高含水、高采出程度的开发后期，水驱产量递减加快，剩余油分布零散，挖潜难度大，采收率一般为30%~40%。应用大幅度提高采收率技术是油田开发的一个必经阶段，也是老油田抑制产量递减、保持稳产的有效方法。

三次采油是在水驱技术基础上发展起来的大幅度提高采收率的方法。三次采油是通过向油层注入聚合物、表面活性剂、微生物等其他流体，采用物理、化学、热量、生物等方法改变油藏岩石及流体性质，提高水驱后油藏采收率的技术。20世纪50年代以来，蒸汽吞吐开始应用于重油开采，拉开了三次采油技术的应用序幕。化学驱在80年代发展达到高峰期，后期由于注入成本高、化学驱后对地下情况认识不确定等因素，化学驱发展变缓。90年代以来，混相注气驱技术开始快速发展，由于二氧化碳驱技术具有应用范围大、成本低等优势，二氧化碳混相驱逐渐发展起来。我国的三次采油技术虽然起步晚，但发展迅速。目前，我国的三次采油技术中化学驱提高原油采收率技术处于世界领先地位。在大庆、胜利等油田进行的先导性试验和矿场试验表明，三元复合驱对提高原油采收率效果十分显著。此外，我国对其他提高原油采收率的新技术，如微生物驱油采油技术、纳米膜驱油采油技术等也进行了广泛的实验研究及矿场试验，并且取得了一系列研究成果。

大庆油田自20世纪60年代投入开发以来，就一直十分重视三次采油的基础科学研究和现场试验，分别在萨中和萨北地区开辟了三次采油提高采收率试验区。随着科学技术的进步，尤其是90年代以来，大庆油田又开展了碱—表面活性剂—聚合物三元复合驱油技术研究。通过科技攻关，发展了聚合物驱理论，解决了波及体积小的难题，首次实现大规模工业化高效应用；同时，创新了三元复合驱理论，发明了专用表面活性剂，解决了洗油效率低的难题，实现了化学驱技术的升级换代。大庆油田化学驱后原油采收率已超过60%，是同类水驱油田的两倍，相当于可采储量翻一番，采用三次采油技术生产的原油年产量连续19年超$1000 \times 10^4 t$，累计达$2.8 \times 10^8 t$，已成为大庆油田可持续发展的重要支撑技术。

为了更好地总结三次采油技术相关成果，以大庆油田的科研试验成果为主，出版了这套《三次采油技术丛书》。本套丛书涵盖复合驱表面活性剂、聚合物驱油藏工程技术、三元复合驱油藏工程技术、微生物采油技术、化学驱油田化学应用技术和化学驱地面工艺技术6个方面，丛书中涉及的内容不仅是作者的研究成果，也是其他许多研究人员长期辛勤劳动的共同成果。在丛书的编写过程中，得到了大庆油田有限责任公司的大力支持、鼓励和帮助，在此致以衷心的感谢！

希望本套丛书的出版，能够对从事三次采油技术的研究人员、现场工作人员，以及石油院校相关专业的师生有所启迪和帮助，对三次采油技术在大庆油田乃至国内外相似油田的大规模工业应用起到一定的促进作用。

前　言

化学驱是采用化学剂驱油体系进行驱油提高采收率的技术。大庆油田化学驱年产油量连续 18 年超过 1000×10^4t，对提高油田最终采收率、控制油田产量递减、改善油田高含水后期开发效果起到了重要作用。目前，化学驱主要为聚合物驱和三元复合驱两种方式，聚合物驱通过注入流体中加入聚合物可以改善水油流度比来提高采收率；三元复合驱是由碱（Alkali）—表面活性剂（Surfactant）—聚合物（Polymer）组成的三元复合（ASP）驱油体系进行驱油提高采收率的技术。这种技术通过同时注入界面张力降低剂和流度控制剂来提高采收率。碱和表面活性剂联合作用可以改变相渗透特性，进而增加洗油效率；注入流体中加入聚合物可以改善水油流度比。大庆油田开展的三元复合驱矿场试验结果表明，三元复合驱比水驱提高采收率近 20%。

化学驱油过程不仅会对地层产生常规注水共有的危害，同时伴有高分子聚合物会在油层中产生吸附、滞留堵塞，三元体系中碱与对储层岩石矿物溶蚀产生结垢等伤害。化学驱生产过程中有 20% 以上井的注入压力已经接近或达到油层的破裂压力，注入速度或注入量被迫下调；采出井因结垢导致检泵周期大幅缩短，结垢高峰期平均检泵周期不足 90 天，严重影响了机采井的正常运行。另外，化学驱部分井层内窜流严重，如北一断东西块采聚合物浓度不小于 900mg/L 的井比例近 30%，部分油井见化学剂早、采剂浓度高，造成注入液利用率较低，无效循环严重，油井见效差异大，影响化学驱开发效果。

在多个矿场试验的经验总结及研究基础上，本书全面论述了化学驱采油工艺有关的若干油田化学关键应用技术，包括三元复合驱机采井化学清防垢技术、化学驱增产增注技术、化学驱深度调剖技术和化学驱堵水技术。重点阐述了各项油田化学应用技术的工艺原理、配方体系、性能评价、工艺设计及矿场应用，对于指导化学驱开发具有一定的参考价值。

本书在编写过程中得到了大庆油田有限责任公司有关领导及大庆油田有限责任公司采油工程研究院和采油厂有关领导、中国科技大学杨海洋教授、东北石油大学施伟光教授、吉林大学程铁新教授和周广栋教授等的大力支持和帮助，在此表示衷心感谢。

全书由程杰成、王庆国和赵昌明组织编写与统稿，参加本书编写的还有胡俊卿、张德兰、刘纪琼、管公帅、郭红光、周泉、张世东、王力、陈文将、王俐超、时光、李庆松等。

由于水平有限，书中难免有疏漏和不妥之处，恳请广大读者给予批评和指正。

目　录

第一章　三元复合驱机采井化学清防垢技术

三元复合驱油过程中，机采井有结垢和卡泵现象。垢的产生主要是因为三元复合驱体系中的碱在注入地层后，对岩石的溶蚀作用，致使大量的钙、镁、硅、钡等元素以离子的形式进入地下流体，随着地下流体一起运移。运移过程中，由于流体热力学、动力学和介质条件的改变，流体中的溶解盐、酸、碱等再次以矿物的形式析出，特别是在采油井的近井地带、井筒、地面集输系统中产生大量的矿物盐（垢）[1]。三元复合驱油技术带来大量的垢，且垢质坚硬，处理难度大，是该技术大面积推广的瓶颈问题之一，直接制约了该技术的应用。本章重点介绍三元复合驱机采井结垢特征、成垢影响因素、预测方法以及相应的化学清防垢技术。

第一节　三元复合驱机采井结垢特征

结垢样品的整体成分大致可以分为可溶性有机物（溶于环己烷）、无机物、结晶水以及少量的其他有机质（不溶于环己烷，但是可以烧除）。

其中，可溶性有机物来源于取样过程，所以其含量大小视取样方式而变，其所占样品的比例可以不计入结垢成分，所以以下讨论分析不包括可溶性有机物。

结晶水或者样品吸附的吸附水同样可以排除在结垢组成之外，其他少量的有机质为取样过程掺入的杂质。因此，样品的组成分析主要集中在无机物组成上面，剔除以上成分将无机物组成整合归一进行结垢样品的分析总结。揭示沉淀生成的机制、形成规律以及无机物来源和结晶学特征，为油田防垢、清垢提供理论支持。

一、同一口井不同取样时间结垢样品的特征

选取南 4-31-P29、L9-PS2515 和 L9-PS2610 三口井，分析样品的无机物组成变化规律。

图 1-1 是南 4-31-P29 井不同取样时间结束后样品（表 1-1）的垢质成分，其以 $CaCO_3$ 和 SiO_2 为主，二者加和含量占总含量的 90% 以上，以 $CaCO_3$ 沉淀为主，而且 $CaCO_3$ 和 SiO_2 沉淀含量呈现高低相对的关系，即二者含量呈现高低相反关系。另外，结垢样品中存在少量的 $BaCO_3$ 和 $SrCO_3$ 沉淀。

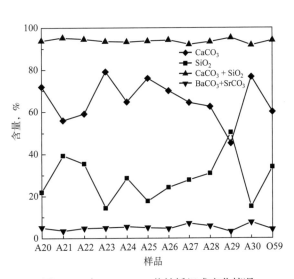

图 1-1　南 4-31-P29 井结垢组成变化情况

表 1-1 南 4-31-P29 井取样信息

样品	A20	A21	A22	A23	A24	A25	A26	A27	A28	A29	A30
取样位置及时间	抽油杆 2009-05-15	抽油杆 2009-05-15	转子中部 2009-05-15	抽油杆 2008-12-07	转子 2008-12-07	抽油杆 2009-02-12	抽油杆 2009-03-13	转子中部 2009-01-09	转子 2009-02-12	尾管内 2009-05-15	转子上部短节 2009-05-15

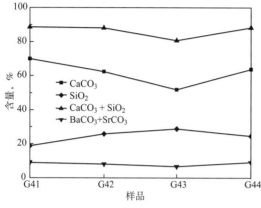

图 1-2 L9-PS2515 井结垢组成变化情况

图 1-2 是 L9-PS2515 井不同取样时间（表 1-2）结垢样品主要无机物组成变化图，由图可以看出，垢质成分仍然以 $CaCO_3$ 和 SiO_2 为主，总含量达到 80% 以上，二者的含量同样存在高低相对的关系。此井样品中 $BaCO_3$ 和 $SrCO_3$ 的含量相对于南 4-31-P29 井有所增加，总含量接近 10%。

图 1-3 是 L9-PS2610 井不同取样时间（表 1-3）结垢样品组成的变化情况，与前两口井相比，垢质成分中 $CaCO_3$ 和 SiO_2 的总含量相对减小，$BaCO_3$ 和 $SrCO_3$ 的含量有增加的趋势。其中 H61 号样品表现不同，

其 SiO_2 含量明显增加，达到 85.73%，$CaCO_3$ 含量减少到 4.02%；同样的现象在 H72 号样品中也出现，但是强度减弱。

表 1-2 L9-PS2515 井取样信息

样品	G41	G42	G43	G44
取样位置及时间	抽油杆 2009-10-24	管外壁 2009-10-24	筛管 2009-10-24	尾管外壁 2009-10-24

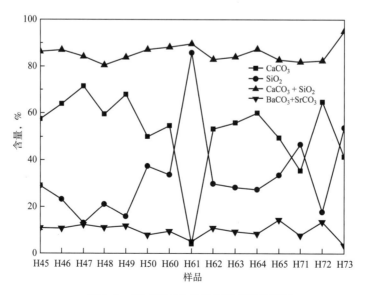

图 1-3 L9-PS2610 井结垢组成变化情况

表 1-3　L9-PS2610 井取样信息

样品	H45	H46	H47	H48	H49
取样位置及时间	尾管外壁 2009-09-18	油管内壁 2009-09-18	抽油杆 2009-09-18	泵外壁 2009-09-18	泵内壁 2009-09-18
样品	H50	H60	H61	H62	H63
取样位置及时间	油管外壁 2009-09-18	筛管外壁 2010-01-22	泵外壁 2010-01-22	底部 10 根杆以下 2009-10-04	底部 10~20 根杆 2009-10-04
样品	H64	H65	H71	H72	H73
取样位置及时间	尾管内壁 2009-10-04	尾管外壁 2009-10-04	尾管外壁 2010-06-04	尾管外壁 2010-03-10	底 1 杆 2010-06-04

通过上述对比研究，发现样品以 $CaCO_3$ 和 SiO_2 沉淀为主，其次含有 $BaCO_3$ 和 $SrCO_3$ 沉淀；$CaCO_3$ 和 SiO_2 沉淀的形成存在相互竞争的关系，即二者加和含量基本一定，各自的含量相互交替增加或减少。

二、同一取样位置不同取样时间结垢样品的特征

室内对同一口井、同一结垢位置、不同取样时间的结垢样品进行分析，研究了其垢质成分中 SiO_2 和 $CaCO_3$ 变化特征规律。

图 1-4 是南 4-31-P29 井抽油杆结垢样品无机物分析结果曲线，由图可知，随着三元复合驱驱替时间的延长，结垢样品中 $CaCO_3$ 含量逐渐减少，而 SiO_2 含量逐渐增加，而且在 2009 年 5 月 15 日的样品中 $CaCO_3$ 含量比前一次取样降低明显。

图 1-5 是南 4-31-P29 井转子结垢样品无机物分析结果曲线，同样随着取样时间的推移，结垢样品中 $CaCO_3$ 含量逐渐减少，而 SiO_2 含量逐渐增加；分别对比转子和转子中部的两个样品，也呈现出相同的变化规律。

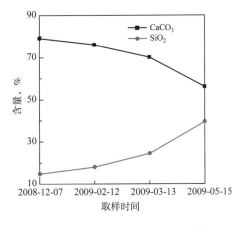
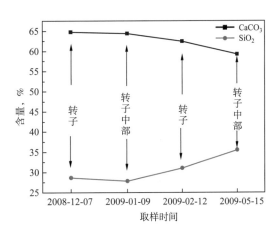

图 1-4　南 4-31-P29 井抽油杆结垢样品无机物组成　图 1-5　南 4-31-P29 井转子结垢样品无机物组成

图 1-6 是 L9-PS2610 井转子结垢样品无机物分析结果曲线，随着取样时间的推移，结垢样品中 $CaCO_3$ 含量逐渐减少，而 SiO_2 含量逐渐增加。

从上述分析可知，随着三元复合驱体系的逐渐推进，井下采出设备杆、转子、尾管等不同位置的垢质成分中碳酸盐含量逐渐减少，硅酸盐含量逐渐增加。

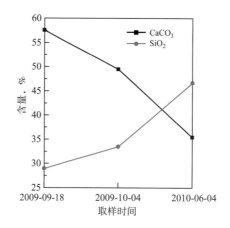

图 1-6　L9-PS2610 井尾管外壁结垢样品无机物组成

三、同一结垢样品不同层的特征

样品 A22 和 A28 分别取样自南 4-31-P29 井的转子中部和转子下部，如图 1-7 所示，样品呈贝壳形状，具有层状结构，可以看出不同层的结垢样品表观状态有差别，将样品刨为两层，分别分析其组成变化情况，结果见表 1-4。

（a）样品 A22　　　　　　　　　　（b）样品 A28

图 1-7　样品 A22 和 A28 的原始形貌

表 1-4　A22 和 A28 样品分层后的组成情况

样品编号	K₂O 含量, %	CaCO₃ 含量, %	Na₂O 含量, %	MgO 含量, %	Al₂O₃ 含量, %	Fe₂O₃ 含量, %	SiO₂ 含量, %	BaCO₃ 含量, %	SrCO₃ 含量, %
A22-1	0.05	60.88	0.57	0.14	0.01	0.04	33.52	3.21	1.59
A22-2	0.04	57.53	0.60	0.09	0.01	0.02	37.16	3.09	1.46
A28-1	0.05	61.27	0.62	0.22	0.02	0.03	32.40	3.33	2.07
A28-2	0.05	63.67	0.58	0.21	0.01	0.04	29.29	3.92	2.23

两个样品的原始形貌虽然均表现出不同的层状结构，但是从不同分层的沉淀物质组成可以看出没有明显的变化，说明样品的性质基本相似，样品之所以呈现贝壳状的层状外形，与其在成垢过程中不断地承受转子的摩擦、挤压直接相关。

四、结垢严重井与普通结垢井结垢样品的特征

采用 XRD、SEM、同步辐射等方法对现场垢样进行表征，并分别研究结垢严重井和普通结垢井中垢样主要化学成分、微观晶体结构、微观形貌的特征差别[2]。

以南 5 区结垢严重井 N4-40-P33（图 1-8、图 1-9）和普通结垢井 N4-31-P32（图 1-10、图 1-11）、喇东区结垢严重井 L9-PS2610（图 1-12、图 1-13）和普通结垢井 L9-PS2603（图 1-14、图 1-15）为例，分析结垢严重井与普通结垢井的垢质成分及结构差异。

图 1-8　N4-40-P33 垢样 SEM 图

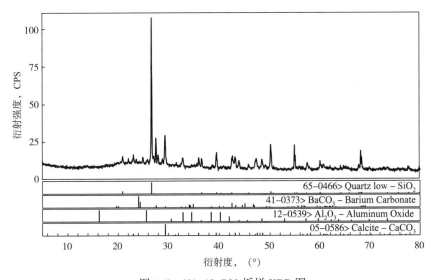

图 1-9　N4-40-P33 垢样 XRD 图

图 1-10　N4-31-P32 垢样 SEM 图

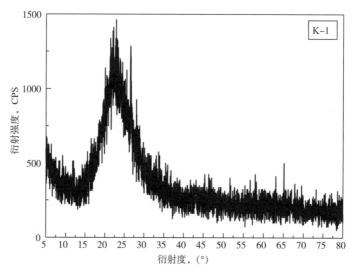

图 1-11　N4-31-P32 垢样 XRD 图

图 1-12　L9-PS2610 垢样 SEM 图

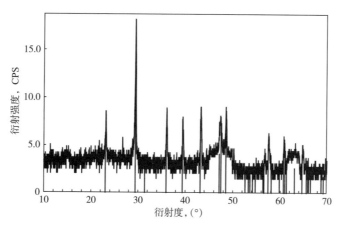

图 1-13　L9-PS2610 垢样 XRD 图

图 1-14　L9-PS2603 垢样 SEM 图

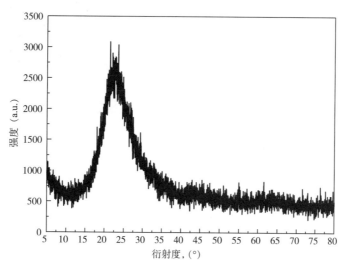

图 1-15　L9-PS2603 垢样 XRD 图

　　根据对结垢严重井及普通结垢井的 SEM 图可知，结垢严重井垢样是以钙垢为主的混合垢，形貌单一，团聚现象较为严重，且多为菜花状团聚形态。普通结垢井中钙硅混合垢样形貌及大小不一，其中以钙垢为主的有纤维状、片状、椭球形等多种形态；另外一部分以硅垢居多，无特定的形貌[3]。

　　从 XRD 的结果得知，结垢严重井的化学成分及晶体结构以方解石碳酸钙为主，有时也含有畸变方解石、球霞石和文石结构碳酸钙，无定形二氧化硅为辅；普通结垢井中钙硅混合垢样中存在畸变方解石碳酸钙和少量球霞石碳酸钙以及硅石，还有一部分是以无定形二氧化硅为主。

　　采用同步辐射 X 射线技术[4]进行探索分析普通结垢井（图 1-16）与结垢严重井（图 1-17、图 1-18）垢质成分、晶体结构形态等方面的差异。通过表征得知，结垢严重井中

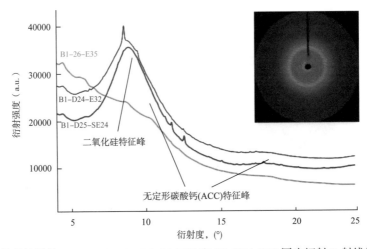

图 1-16　普通结垢井 B1-D25-SE24、B1-26-E35 和 B1-D24-E32 同步辐射 X 射线衍射谱图

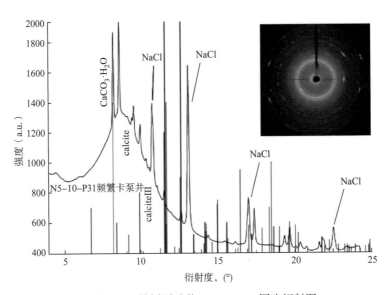

图 1-17　结垢严重井 N5-10-P31 同步辐射图

大量存在方解石碳酸钙，普通结垢井存在畸变方解石碳酸钙，以及无定形碳酸钙，经过计算各种碳酸钙的晶胞参数（表1–5），结果发现结垢严重井的方解石结构致密（密度为 $2.7230g/cm^3$），硬度高，与扫描电镜中观察到的聚集严重、形貌单一一致；普通结垢井的方解石开始增大发散，方解石的结构开始畸变且疏松（密度为 $2.6774g/cm^3$），硬度低，球霞石碳酸钙和水合碳酸钙的密度和硬度更低，且形貌多变，与扫描电镜观察到的纤维状、片状、椭球形等多种形态一致，无定形二氧化硅包裹无定形碳酸钙，结构非常疏松（密度为 $1.46g/cm^3$），无硬度，呈现疏松块状外貌，与扫描电镜结果一致。

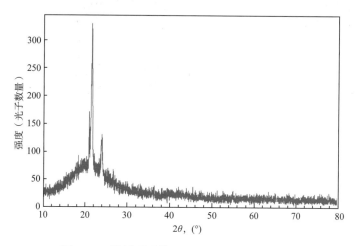

图 1–18　结垢严重井 N5-10-P31 X 射线衍射谱图

表 1–5　不同垢样中碳酸钙结构信息

垢样		晶系及空间群	晶胞参数，Å			体积 $10^{-3}nm^3$	密度 g/cm^3	莫氏硬度级
			a	b	c			
结垢严重井方解石		三方晶系空间群：R3c	4.9846	4.9846	17.0181	366.19	2.7230	3.0~3.5
普通结垢井	畸变方解石	三方晶系空间群：R3c	4.9780	4.9780	17.3540	372.43	2.6774	2.7~3.0
	球霞石	六方晶系空间群：P63/mmc	7.1473	7.1473	16.9170	748.40	2.5413	2.0~2.5
	水合碳酸钙	六方晶系空间群：P31	10.5660	10.5660	7.5730	732.20	2.3890	2.0~2.5
	无定形碳酸钙	无	无	无	无	无	1.4602	无

注：1Å=0.1nm。

　　结垢严重井垢样以二氧化硅和立方状方解石为主（图1–19）；普通结垢井中垢样的透射电镜结果表明，在混合垢样中，二氧化硅包裹球形和六方状碳酸钙，结合同步辐射结果得知，球形碳酸钙为无定形碳酸钙，六方状碳酸钙为晶格畸变方解石碳酸钙。

　　综上所述，结垢严重井垢样中大部分含有硬质方解石（立方状），普通结垢井垢样中大部分为无定形碳酸钙、松散质晶格畸变方解石碳酸钙（呈片层状、棒状、花生状、星状）、球霞石（球形）碳酸钙或水合碳酸钙；同时，垢样中均含有无定形二氧化硅。硬质方解石莫氏硬度为3~3.5级，大于晶格畸变后松散质方解石（2.7~3.0级）、球霞石和水合碳酸钙（2.0~2.5级）的硬度，远大于具有高可溶性、各向同性和可塑性无定形碳酸钙的硬度，因此，垢样中有硬质方解石存在的体系中容易出现卡泵现象。

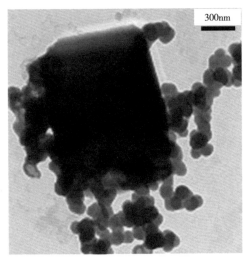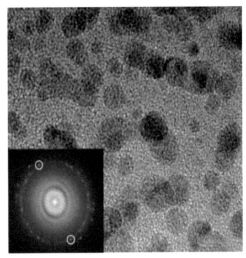

（a）结垢严重井 　　　　　　　　　　　　　（b）普通结垢井

图 1-19　结垢严重井 B1-D26-E34 和普通结垢井 B1-D25-SE24TEM 图片

第二节　三元复合驱机采井结垢影响因素

一、硅酸盐垢沉积影响因素的研究

地层岩石中有大量的硅酸盐岩，三元复合体系注入后，碱会与硅酸盐岩接触发生碱溶反应，生成可溶性基团。岩石中的硅被碱溶蚀后进入地层流体，以其可溶性盐的形式随着地层流体的流动发生转移。

$$K [AlSi_3O_8] +Ca [Al_2Si_2O_8] +OH^- \longrightarrow Al (OH)_3 +K^+ +Ca^{2+} +SiO_3^{2-}$$

硅酸盐溶液中主要是多种形态的硅（亦称悬浮硅、活性硅），在水中聚集、聚沉形成硅垢的过程主要遵循胶体化学中著名的 DLVO 理论，胶体聚沉的主要影响因素为 pH 值（决定溶液的电化学性质）、温度（影响胶体粒子的布朗运动）和矿化度，当这些因素发生变化时，会产生胶体沉淀，形成硅垢[5]。

$$SiO_3^{2-} +H_2O \longrightarrow H_2SiO_4^{2-} \longrightarrow Si (OH)_3^+ \longrightarrow Si (OH)_4$$

$$Si (OH)_3^+ +Si (OH)_4 \longrightarrow (OH)_3Si—O—Si (OH)_3 \longrightarrow 二聚体 \longrightarrow 多聚体 \longrightarrow$$
硅胶 $\longrightarrow$ 无定形二氧化硅

1. 影响因素及实验条件的确定

（1）pH 值的影响。

三元复合驱（ASP）体系中强碱（NaOH）是化学添加剂之一，因此在模拟实验中考察的 pH 值范围为 6~13。

（2）温度的影响。

采油过程由地层到地面，体系温度变化较大。根据油井底部温度通常在 50℃ 左右，地面温度定为室温（25℃），确定模拟实验中所考察的温度范围为 25~80℃。

（3）多价阳离子的影响。

三元复合体系溶蚀地下岩石的过程中，不仅硅离子被洗脱而出，钙、镁、铝等阳离子也一并析出。因此，需要考察其他离子对硅垢形成过程的影响。根据采油过程中，普通结垢井（B1-D24-E32）数据确定实验考察的条件为：硅离子质量浓度为 2000mg/L；钙、镁离子质量浓度比为 3：1，二者总质量浓度范围为 0~80mg/L；铝离子质量浓度范围为 0~15mg/L。

（4）聚合物和表面活性剂的影响。

由于三元复合体系中不但含有碱液，还含有聚合物和表面活性剂。因此，实验必须考察二者对硅垢形成过程的影响。根据现场数据及简化的实验过程，在模拟实验中所考察的聚丙烯酰胺的分子量为 1900×10^4，浓度为 600mg/L；表面活性剂选取浓度为 50mg/L。

2. 实验部分

（1）实验仪器。

实验所用仪器见表 1-6。

表 1-6 实验仪器

仪器名称	仪器生产厂家
722E 可见分光光度计	上海光谱仪器有限公司
电热恒温水浴锅	上海经济区沈荡中新电器厂
HWCB-2 型恒温磁力搅拌器	上海第二分析仪器厂
电子天平	梅特勒—托利多仪器有限公司
玻璃仪器气流烘干器	河南省巩义市杜甫仪器厂

（2）实验试剂。

实验所用试剂见表 1-7。

表 1-7 实验试剂

试剂名称	纯度等级	试剂生产厂家
氯化钠	分析纯	哈尔滨化工试剂厂
硫酸钠	分析纯	天津市塘沽邓中化工厂
碳酸氢钠	分析纯	天津市纵横兴工贸有限公司化工试剂分公司
氯化钙	分析纯	天津市塘沽邓中化工厂
氯化镁	分析纯	北京红星化工厂
硅酸钠	分析纯	北京昌平阳坊防化学院实验化工厂
氯化铝	化学纯	北京红星化工厂
无水碳酸钠	分析纯	哈尔滨化工试剂厂
钼酸钠	分析纯	天津市瑞金特化学品有限公司
聚丙烯酰胺	—	大庆油田
表面活性剂	—	大庆油田

（3）模拟工作液的配制。

称取定量药品（Na_2CO_3、$NaCl$、Na_2SO_4 和 $NaHCO_3$），根据现场数据配制模拟地层矿化水，组成见表 1-8。

表1-8 模拟地层矿化水中各离子质量浓度

模拟水中离子种类	CO_3^{2-}	HCO_3^-	Cl^-	SO_4^{2-}	Ca^{2+}	Mg^{2+}	Na^+
离子质量浓度，mg/L	2305.1	1078.3	1372.7	27.0	0	0	3075.6

注：pH=10.4。

（4）实验方法。

本实验以可溶性硅酸盐作为研究对象，采用硅钼黄比色法测定可溶性硅离子的浓度。通过改变实验条件，确定不同条件下硅离子的平衡浓度。

硅钼黄比色法测定可溶性硅离子浓度的实验原理：硅在碱性溶液中以硅酸根的形式存在，在pH值为1~8的稀溶液中以稳定的单硅酸形式存在；当pH值为1~2时，单硅酸在5min内就能与钼酸盐反应生成黄色的硅钼黄络合物，硅钼黄的颜色强度与被测液中硅含量成正比，符合比耳定律，在波长为440nm时，使用722E可见分光光度计可以测出硅酸单体浓度的情况。

$$Si^{4+}+2HCl+4H_2O \Longrightarrow H_4SiO_4+2Cl^-+6H^+ （酸化反应）$$

$$H_4SiO_4+12H_2MoO_4 \Longrightarrow H_8Si（Mo_2O_7）_6+10H_2O （显色反应）$$

3. 实验步骤

（1）向模拟地层矿化水中加入一定量的硅酸钠，使得硅质量浓度为2000mg/L，用NaOH和1∶1的HCl调节体系的pH值，范围为6~13。

（2）针对下面不同实验，分别添加氯化钙、氯化镁、氯化铝、聚丙烯酰胺、表面活性剂，使镁离子质量浓度为5mg/L、10mg/L、15mg/L和20mg/L，钙离子质量浓度为15mg/L、30mg/L、45mg/L和60mg/L，铝离子质量浓度为5mg/L、10mg/L和15mg/L，聚丙烯酰胺质量浓度为600mg/L，表面活性剂质量浓度为50mg/L，考察各种因素对实验的影响程度。

（3）将上述溶液放置于恒温水浴中，温度范围为25（室温）~80℃，静止反应。

（4）间隔一段时间取出10mL的反应液，过滤，取滤液，用硅钼黄法测定其可溶性硅离子浓度。

4. 结果与讨论

（1）温度及pH值对硅垢形成的影响。

固定初始硅离子质量浓度为2000mg/L，pH值在6~13范围内，研究不同温度（25℃、45℃、60℃、80℃）下，单一硅体系中硅离子浓度的变化特征。

由图1-20、图1-21可知，pH值为6~11时体系均一，出现明显的白色絮状物质，为硅垢；pH值为12~13时体系透明，裸眼观察并未出现明显絮状物质。pH值对硅离子稳定性影响非常大，pH值越高，硅离子平衡浓度越高，体系中硅越稳定；pH值降低，体系中的硅离子浓度降低，从溶液体系中沉积出来，形成垢质。当体系pH值由11变化到10时，硅离子含量急剧降低。pH值值小于11时，体系中硅含量较低，pH值大于10时，体系中硅含量大幅度增加。因此，三元复合驱高含硅采出液体系pH值小于11时，会有大量的硅垢形成。

温度从25℃（室温）到80℃的过程中，随着温度升高，可溶性硅的含量略有增加，增量为400mg/L，低聚硅沉淀量减少；同时，随着pH值在6~13范围内增加过程中，可溶性硅含量迅速增加，增量达1300mg/L。因此，pH值对低聚硅沉积的影响大。

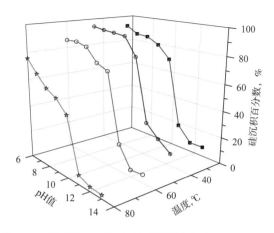

图 1-20　温度及 pH 值对硅沉积的影响（$c_{Si^{4+}}$=2000mg/L）

图 1-21　pH 值为 6~13 时的单一硅体系（$c_{Si^{4+}}$=2000mg/L）宏观全貌

（2）pH 值及时间对硅垢形成的影响。

固定反应温度为 45℃，初始硅离子质量浓度 $c_{Si^{4+}}$=2000mg/L，研究不同 pH 值（6~13）下单一硅体系中硅离子浓度随时间的变化特征。图 1-22 表明，在不同 pH 值（6~13）下，低聚硅沉积平衡的时间最少为 22h，优化选择低聚硅沉积实验时间为 48h。

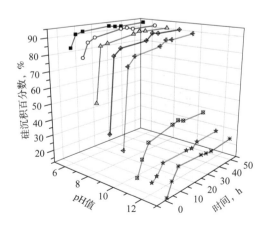

图 1-22　pH 值及时间对硅沉积的影响（T=45℃）

（3）压力及时间对硅垢形成的影响。

为了研究采出液成垢离子从井底压力到地面常压的成垢变化，选取 $c_{Si^{4+}}$=300mg/L 的可

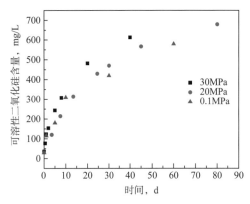

图1-23 可溶性二氧化硅含量随压力的变化

溶性硅为研究对象，经过压力从0.1~30MPa的升压过程，发现二氧化硅的溶解度略有上升（图1-23），因此，压力对硅沉积的影响与pH值和温度的影响相比要小得多。

（4）钙、镁、铝离子对硅垢形成的影响。

以含有钙、镁离子的硅酸钠溶液为研究体系。固定体系pH=9、初始硅离子质量浓度$c_{Si^{4+}}$=2000mg/L，在不同反应温度（25℃、45℃、60℃、80℃）下，考察钙、镁离子对体系中硅离子浓度变化的影响。

由图1-24、图1-25可知，随着体系中钙、镁离子初始质量浓度的增加，硅离子质量浓度降低，钙、镁的加入促进了硅沉积析出，同时钙、镁含量也降低，钙、镁、硅出现了共沉积现象。硅酸钠溶液中未加钙、镁离子时，体系均一。

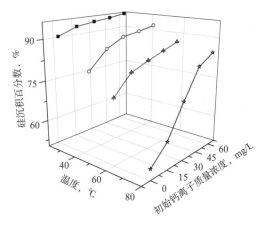

图1-24 温度及钙离子质量浓度对硅沉积的影响

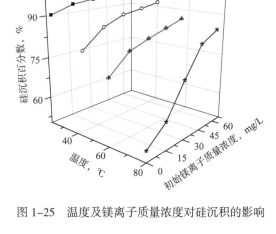

图1-25 温度及镁离子质量浓度对硅沉积的影响

由图1-26裸眼观察，加入钙、镁离子后，溶液中立即形成白色沉淀。推测白色颗粒为硅酸盐沉淀且逐渐增多，絮状产物为多聚硅。

以含有钙、镁及铝离子的硅酸钠溶液为研究对象。固定室温（25℃）条件下，初始离子浓度为$c_{Ca^{2+}}$=60mg/L，$c_{Mg^{2+}}$=20mg/L及$c_{Si^{4+}}$=2000mg/L，考察铝离子对体系中硅离子浓度变化的影响。

由图1-27可知，随着体系中铝离子初始质量浓度的增加，硅离子稳定性降低，硅沉积析出，铝离子浓度越高，硅离子平衡浓度越低。因为铝离子可以中和硅聚体表面电荷，造成硅、铝共沉积。硅酸

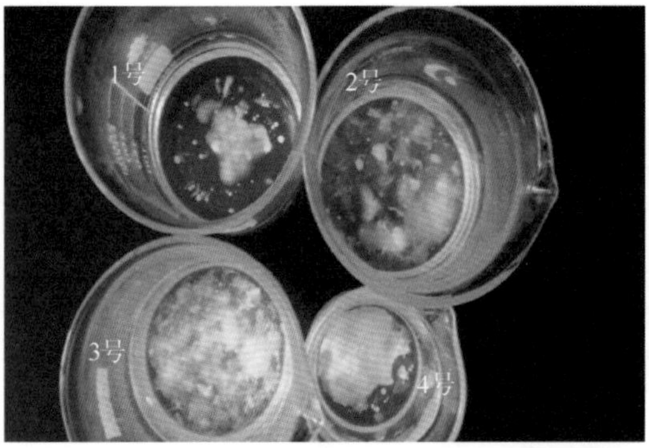

图1-26 含钙、镁的硅酸钠溶液（$c_{Si^{4+}}$=2000mg/L）
体系宏观全貌

1号 Ca^{2+}、Mg^{2+}质量浓度分别为15mg/L、5mg/L；2号 Ca^{2+}、Mg^{2+}质量浓度分别为30mg/L、10mg/L；3号 Ca^{2+}、Mg^{2+}质量浓度分别为45mg/L、15mg/L；4号 Ca^{2+}、Mg^{2+}质量浓度分别为60mg/L、20mg/L

钠溶液中未加钙、镁、铝离子时，体系均一；由图 1-28 裸眼观察，加入钙、镁、铝离子后，溶液中立即形成白色沉淀，并且在溶液上层悬浮白色絮状物质，白色颗粒状沉淀逐渐增多。推测白色颗粒为硅酸盐沉淀，絮状产物为多聚硅。

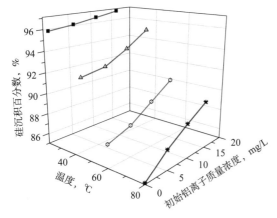

图 1-27　温度及铝离子质量浓度对硅沉积的影响　　图 1-28　含钙、镁、铝的硅酸钠溶液体系宏观全貌

综上所述，钙、镁、铝离子对硅垢的形成有促进作用。经计算得知，将总质量浓度为 100mg/L 的钙、镁、铝离子（质量浓度比为 3∶1∶1）与质量浓度为 2000mg/L 的可溶性硅进行反应会生成硅酸盐沉淀和多聚硅凝胶，与未加入钙、镁、铝离子相比沉淀增加 200mg/L。因此，钙、镁、铝离子的加入不仅生成了硅酸盐沉淀，同时还促进了低聚硅向多聚硅的转化。

（5）三元复合驱替液对硅垢形成的影响。

以含有表面活性剂和聚丙烯酰胺（PAM）的硅酸钠溶液为研究体系。固定实验温度为 25℃，pH=9 及初始硅离子质量浓度 $c_{Si^{4+}}$=2000mg/L，研究三元复合驱替液对体系中硅离子浓度变化的影响。

由图 1-29、图 1-30 可知，加入三元复合驱替液后，体系 pH 值在 11~13 区间，硅的稳定性增加，硅离子平衡浓度明显升高。聚合物对硅离子成垢有一定的抑制性，聚丙烯酰胺对硅离子有一定的悬浮、分散作用，可在一定程度上减缓垢的形成。表面活性剂的存在一定程度上可减缓硅离子的沉积，表面活性剂在硅聚体表面吸附，改变了硅聚体表面性质，也可以减缓硅聚体与其他粒子接触反应，使硅聚体进一步聚合的趋势减弱。

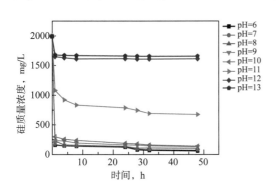
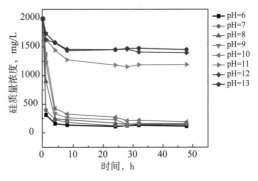

图 1-29　非三元复合体系下 pH 值对硅沉积的影响　　图 1-30　三元复合体系下 pH 值对硅沉积的影响

二、钙硅混合垢沉积影响因素的研究

为分析三元复合驱混合垢的形成过程，研究了钙硅比例、pH 值、聚丙烯酰胺含量及表面活性剂含量等对混合垢形成过程的影响，实验方案如图 1-31 所示。

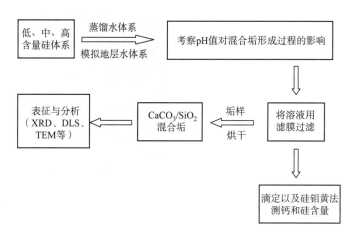

图 1-31　三元复合驱混合垢形成的实验方案

1. 室内模拟实验

（1）实验条件。

通过对三元复合驱普通结垢井 B1-D5-SE24 的采出液进行分析，确定模拟地层水条件（表 1-9）。

表 1-9　模拟地层水

离子种类	CO_3^{2-}	HCO_3^-	Cl^-	SO_4^{2-}	Ca^{2+}	Mg^{2+}	K^+、Na^+
质量浓度，mg/L	3678.53	914.13	944.46	16.63	23.12	12.07	4042.25

采出液中钙、镁离子质量浓度比接近 2：1，因此实验中以钙、镁离子质量浓度比 2：1 为条件进行实验。在成垢过程中，钙、镁离子含量一定大于采出液中钙、镁离子含量，因此，分别采用 3 倍、4 倍、5 倍采出液中钙、镁离子总质量浓度进行实验，研究现象及结垢规律。

（2）实验步骤。

按表 1-9 配制模拟地层水，用模拟地层水配制含硅溶液，并加入钙、镁离子；用 pH 计调节 pH 值；实验在 45℃条件下进行；反应 168h，用 0.45μm 滤膜过滤；用硅钼黄法测溶液中硅离子含量随时间的变化曲线。在做混合垢实验的同时，做相同条件下钙垢的成垢实验。

（3）针对垢样的测试。

通过纳米粒度仪测定混合垢粒径的变化；将烘干后的垢样通过 SEM 进行表征，测定样品的晶体形貌及粒度；将烘干后的垢样通过 XRD 进行表征，对垢样的状态进行分析。

2. 模拟地层水体系下混合垢的形成

（1）混合垢粒径变化特征。

研究了不同 pH 值条件下混合垢的形成过程，依据上述实验条件及步骤配制溶液，在 45℃下反应 168h，通过纳米粒度仪测得混合垢的粒径分布。由图 1-32 至图 1-35 可知，通过纳米粒度仪测得混合垢的粒径小于 5610nm，并且在反应一段时间（24h）后，平均粒径不再改变，维持在 5610nm 以内，说明在溶液混合过程中，硅垢及钙垢迅速生成并长大。并且不同 pH 值条件下，粒径变化很小。同时通过图 1-32 可以初步鉴定，混合垢的最小成核粒径在 5.19nm 左右。

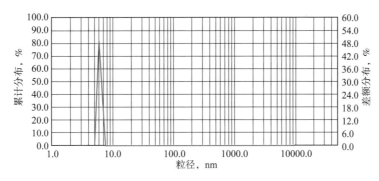

图 1-32　混合垢粒径分布曲线（t=1min）

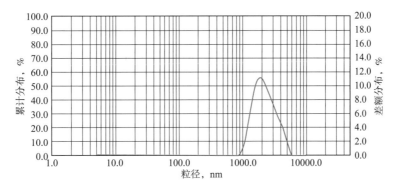

图 1-33　混合垢粒径分布曲线（t=10min）

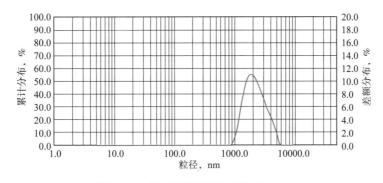

图 1-34　混合垢粒径分布曲线（t=24h）

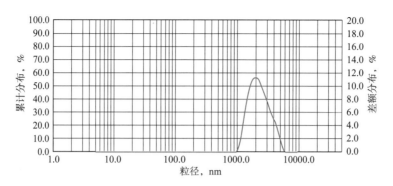

图 1-35　混合垢粒径分布曲线（t=72h）

（2）混合垢 XRD 分析。

将所得垢样通过 XRD 进行表征，对其结晶状态进行分析。不同 pH 值条件下混合垢的 XRD 谱图如图 1-36 所示，可以看出在 20°~30° 之间有弥散峰存在，表明在模拟地层水的条件下，当硅离子质量浓度为 2000mg/L、钙离子质量浓度为 64mg/L、镁离子质量浓度为 32mg/L 时，改变 pH 值（7~11），所形成的混合垢均为无定形碳酸钙和无定形二氧化硅[6]。实验表明，在此条件下 pH 值对混合垢的结晶形态影响较小。

3. 单一水体系下混合垢的形成

在碳酸根质量浓度为 3678.53mg/L、pH 值为 7~11、温度为 45℃时，考察硅离子质量浓度为 2000mg/L 下不同钙离子质量浓度（160~1600mg/L）对混合垢形成过程的影响。

由图 1-37 分析可知，在碳酸根质量浓度为 3678.53mg/L、pH 值为 7~11、温度为 45℃、硅离子质量浓度为 2000mg/L 的条件下，改变钙离子质量浓度（160~1600mg/L）对混合垢的结晶形态影响较小。当钙离子质量浓度达到 640mg/L 时，开始有方解石碳酸钙存在；小于 640mg/L 时，碳酸钙为无定形结构。XRD 图中在 25°~35° 时有明显的弥散峰，证明混合垢中有无定形二氧化硅存在。

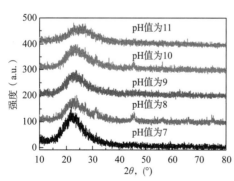
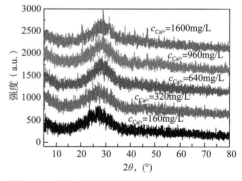

图 1-36　不同 pH 值条件下形成的混合垢的　　图 1-37　单一水体系不同钙离子质量浓度下
　　　　　　XRD 谱图　　　　　　　　　　　　　　　形成的混合垢的 XRD 图

4. 同结垢时期混合垢结垢规律实验

主要研究了在钙离子质量浓度为 640mg/L、钙离子及碳酸根物质的量比为 1∶1 的条件下，通过改变硅离子质量浓度（0~650mg/L）模拟不同结垢阶段，研究碳酸钙—二氧化硅混合垢的沉积情况。

（1）初始钙离子质量浓度为 640mg/L 条件下混合垢的形成。

①混合垢的 SEM 表征。

研究了不同硅离子质量浓度（0~650mg/L）条件下形成的混合垢。并对其反应 120min 后的垢样进行了 SEM 测试，测试结果如图 1-38 至图 1-43 所示。

图 1-38　$c_{Si^{4+}}=0$ 垢样 SEM 图

图 1-39　$c_{Si^{4+}}=50mg/L$ 垢样 SEM 图

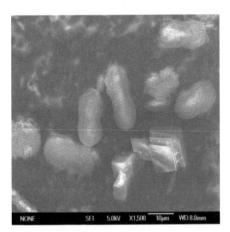

图 1-40　$c_{Si^{4+}}=150mg/L$ 垢样 SEM 图

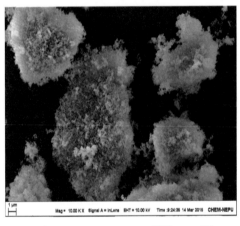

图 1-41　$c_{Si^{4+}}=250mg/L$ 垢样 SEM 图

图 1-42　$c_{Si^{4+}}=450mg/L$ 垢样 SEM 图

图 1-43　$c_{Si^{4+}}=650mg/L$ 垢样 SEM 图

由 SEM 图可以看出，硅酸钠浓度及反应时间对碳酸钙的形貌具有较大影响。与无硅酸钠体系相比，随着溶液中硅离子浓度的增加，体系中斜方六面体形及球形碳酸钙的形成时间延长。当硅酸钠质量浓度为 50mg/L、反应 1min 时体系中多层重叠的块状六面体形碳酸钙较多，球形颗粒较少；当反应达到 120min 后，体系中斜方六面体形碳酸钙增多，但碳酸钙颗粒的表面有明显缺陷。当体系中硅酸钠的质量浓度为 150mg/L、反应 1min 时为不规则的聚集体，规则形貌的形成时间延长；但当时间延长至 120min 时，会形成由无数个纳米粒子聚集成的长径在 16~19.5μm 范围内的花生状碳酸钙。当体系中硅酸钠浓度大于 250mg/L 时，所形成的碳酸钙颗粒表现出更明显的聚集行为，其形貌不随时间改变，所形成颗粒均为不规则的聚集体。这主要是因为随着体系中硅酸钠浓度的增加，附着在碳酸钙表面的硅酸聚集体增多，使得碳酸钙颗粒之间的相互连接作用增强[7]，进一步促进不同形貌碳酸钙的形成。

②混合垢的 XRD、红外光谱及拉曼光谱表征。

反应时间为 120min，体系中硅酸钠质量浓度分别为 0、50mg/L、150mg/L、250mg/L 的碳酸钙的 XRD、红外光谱和拉曼光谱表征结果如下。

如图 1-44 所示，不添加硅酸钠的体系，因（012）、（104）、（110）、（113）、（018）、（116）晶面的存在，表明产物中含有大量的方解石相碳酸钙晶体；同时，XRD 图中也存在（100）、（101）、（102）晶面，且峰强较弱，证明有微量的球霰石相碳酸钙晶体存在。当体系中硅酸钠质量浓度为 50mg/L 时，在（110）、（112）、（114）晶面处仍然有较弱的球霰石特征峰存在；当体系中硅酸钠质量浓度大于 150mg/L 以后，只有方解石的特征峰存在。随着体系中硅酸钠浓度的增加，球霰石特征峰逐渐减弱并消失，当体系中硅酸钠质量浓度大于 250mg/L 以后，方解石特征峰减弱，向无定形碳酸钙转化。这就表明，在碳酸钙的过饱和溶液中加入一定比例的硅酸钠后，可促进碳酸钙由结晶态向无定形结构转化。

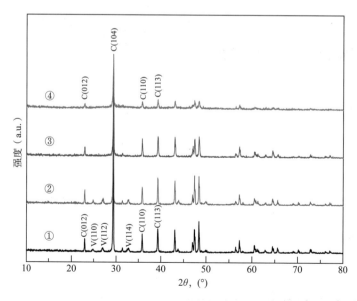

图 1-44　不同质量浓度硅酸钠反应 2h 的 XRD 谱图

① $c_{Si^{4+}}$=0mg/L；② $c_{Si^{4+}}$=50mg/L；③ $c_{Si^{4+}}$=150mg/L；④ $c_{Si^{4+}}$=250mg/L

同时，红外光谱和拉曼光谱（图 1-45）结果也证明，在该体系下，随着硅酸钠浓度的增加，碳酸钙的晶体结构由方解石向球霞石，再向无定形结构转化。如图 1-45 中①和②所示，方解石的碳酸根面内弯曲振动峰由 713cm^{-1} 逐渐向 745cm^{-1} 移动，证明球霞石结构的生成。当体系中硅酸钠质量浓度大于 250mg/L 以后，方解石和球霞石碳酸根面内弯曲振动减弱并消失，同时碳酸根的反对称伸缩振动分裂（1410cm^{-1}、1490cm^{-1}），证明无定形碳酸钙的生成。同时，拉曼光谱中 1080cm^{-1} 处碳酸钙的对称振动峰缝宽随着二氧化硅浓度的增加而变大，证明碳酸钙的晶体结构发生畸变，并向无定形结构转变。因此，红外光谱和拉曼光谱的结果表明，在碳酸钙的过饱和溶液中加入一定比例硅酸钠后，可促进碳酸钙由结晶态向无定形结构转化。

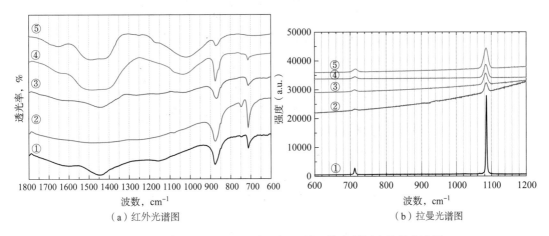

（a）红外光谱图　　　　　　　　　　　（b）拉曼光谱图

图 1-45　不同质量浓度硅酸钠反应 2h 的红外光谱图和拉曼光谱图

① $c_{Si^{4+}}$=0mg/L；② $c_{Si^{4+}}$=50mg/L；③ $c_{Si^{4+}}$=150mg/L；④ $c_{Si^{4+}}$=250mg/L；⑤ $c_{Si^{4+}}$=450mg/L

综上所述，通过改变体系中硅离子含量可以使碳酸钙的晶体结构发生转变，结构的变化导致斜方六面体形方解石、花生状的方解石及由无数个微小颗粒聚集而成的无规则聚集体状的方解石等不同形貌的混合垢形成。

（2）初始钙离子质量浓度为 400mg/L 条件下混合垢的形成。

通过查阅文献，发现改变体系中初始钙离子含量，使体系中初始钙离子质量浓度为 400mg/L，会得到不同晶型及形貌的碳酸钙[8]。

①混合垢的 SEM 图。

改变体系中初始硅离子含量，并对得到的样品进行 SEM 测试。由 SEM 图可以看出，硅酸钠的浓度对碳酸钙的形貌具有明显影响。由图 1-46 可以看出，反应 5min 时体系中形成均为球形的混合垢颗粒，并且随着硅酸钠浓度的增加，体系中形成的混合垢的颗粒逐渐减小，聚集程度逐渐加强。当硅离子质量浓度为 125mg/L、反应 30min 时，体系中形成的仍为球形颗粒的聚集体（图 1-47）；随时间延长达到 90min 时，有多层叠加的碳酸钙形成（图 1-48）。当硅离子质量浓度为 175mg/L、反应 90min 时，发现在混合垢中有多层叠加的碳酸钙和无规则的聚集体共存（图 1-49）。当硅离子质量浓度超过 375mg/L 以后，样品均为无规则的聚集体（图 1-50、图 1-51）。

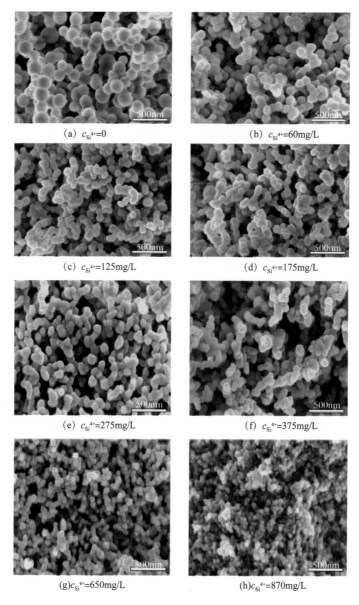

(a) $c_{Si^{4+}}=0$ (b) $c_{Si^{4+}}=60mg/L$

(c) $c_{Si^{4+}}=125mg/L$ (d) $c_{Si^{4+}}=175mg/L$

(e) $c_{Si^{4+}}=275mg/L$ (f) $c_{Si^{4+}}=375mg/L$

(g) $c_{Si^{4+}}=650mg/L$ (h) $c_{Si^{4+}}=870mg/L$

图 1-46 不同硅离子质量浓度条件下硅垢样的 SEM 图（反应时间 $t=5min$）

图 1-47 $c_{Si^{4+}}=125mg/L$ 垢样   图 1-48 $c_{Si^{4+}}=125mg/L$ 垢样   图 1-49 $c_{Si^{4+}}=175mg/L$ 垢样

（$t=30min$）   （$t=60min$）   （$t=90min$）

图 1-50　$c_{Si^{4+}}$=375mg/L 垢样

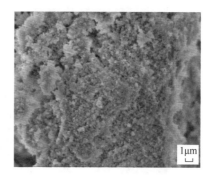

图 1-51　$c_{Si^{4+}}$=650mg/L 垢样

②混合垢的 TEM、EDX 表征。

不同硅离子浓度条件下混合垢的 TEM 图如图 1-52 所示。由图 1-52 可以看出，当反应 1min 时，不同硅离子浓度条件下形成均为核壳结构的混合垢，且随着硅离子浓度的增加，核壳结构更加明显。由图 1-53 对硅离子质量浓度为 375mg/L 条件下形成的混合垢进行进一步分析可知，构成无规则聚集体的纳米颗粒内部颜色较暗区域既有钙离子，又有硅离子 [图 1-53（c）]，而在纳米颗粒外部边缘颜色较浅区域大部分为硅离子，只有少部分钙离子存在 [图 1-53（d）]。这就表明，形成了以碳酸钙为核、二氧化硅为壳的混合垢颗粒。用盐酸将硅离子质量浓度为 375mg/L、反应 90min 的样品洗涤以后，发现其 TEM 图是中空的无规则聚集体（图 1-54）。通过对样品边缘处进行 EDX 测试发现，边缘处均为硅离子，这就进一步验证了在有硅酸钠存在的条件下，形成的是以碳酸钙为核、二氧化硅为壳的结论。

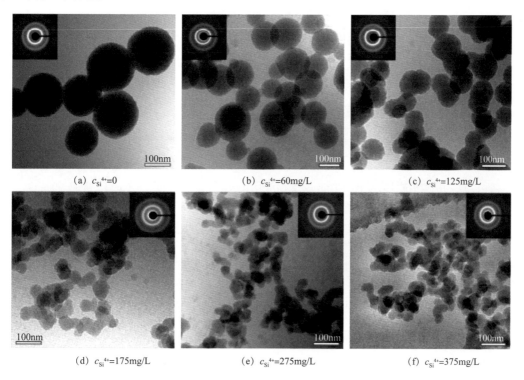

(a) $c_{Si^{4+}}$=0　　　　　　(b) $c_{Si^{4+}}$=60mg/L　　　　　　(c) $c_{Si^{4+}}$=125mg/L

(d) $c_{Si^{4+}}$=175mg/L　　　　　(e) $c_{Si^{4+}}$=275mg/L　　　　　(f) $c_{Si^{4+}}$=375mg/L

图 1-52　不同硅离子浓度条件下碳酸钙的 TEM 图（反应 1min）

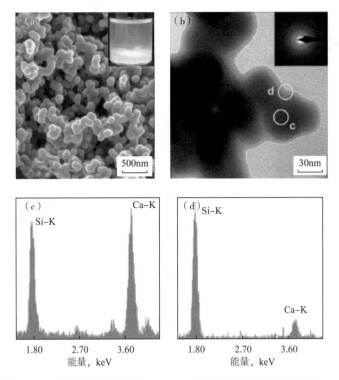

图 1-53 硅离子质量浓度为 375mg/L 条件下样品测试（反应 90min）

（a）为 SEM 图；（b）为 TEM 图；（c）、（d）分别为（b）图内部颜色较暗、边缘颜色较浅区域的 EDX 图

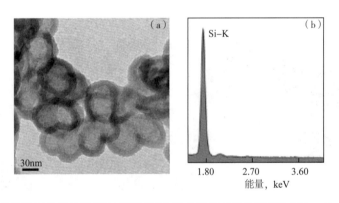

图 1-54 用盐酸洗过的样品的 TEM 图及 EDX 图（硅离子质量浓度为 375mg/L，反应 90min）

③混合垢的 XRD 图。

由图 1-55 可以看出，当硅离子质量浓度为 375mg/L 时，在反应初期由于硅酸钠的存在使部分无定形碳酸钙在体系中得到稳定，但随着时间的延长，逐渐转变成方解石。而当硅离子质量浓度达到 650mg/L 时，体系中以无定形二氧化硅存在，并且无定形碳酸钙稳定。在所考察硅离子质量浓度范围内，存在 375mg/L 及 670mg/L 两个转折点。当体系中硅离子质量浓度小于 375mg/L 时，形成的均为方解石相碳酸钙晶体；当硅离子质量浓度介于 375~650mg/L 之间时，体系中既有以无定形碳酸钙为核、二氧化硅为壳的颗粒，又有方解石相碳酸钙晶体存在；当硅离子质量浓度大于 650mg/L 时，形成以无定形碳酸钙为核、二氧化硅为壳的颗粒。

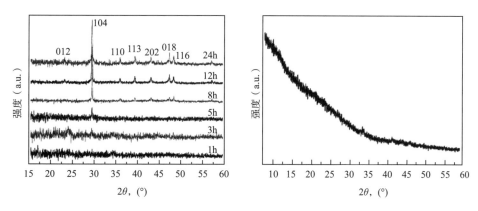

图 1-55　硅离子质量浓度为 375mg/L 和 650mg/L 条件下样品的 XRD 图（反应 60d）

通过热失重（TG/DTG）分析混合垢样得知（图 1-56），当碳酸钙自身发生热分解时，在 550~650℃区间，逐渐失去 CO_2 而失重达到极值（约 44%），即剩余组分为氧化钙。当二氧化硅存在时，混合垢形成了二氧化硅包裹碳酸钙的结构，碳酸钙的热分解变得困难。被包裹在二氧化硅内部的碳酸钙不能在 550~650℃区间完全分解，失重温度上升，直至 750℃混合垢才有 50% 的失重比例，只有打破了二氧化硅的束缚才能分解完全，因此，证明了钙硅混合垢的包裹结构。

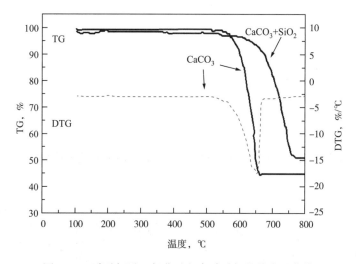

图 1-56　碳酸钙及二氧化硅包裹碳酸钙的热失重曲线

结合现场实际情况，改变钙离子和硅离子浓度，模拟各个结垢时期的混合垢结垢情况，见表 1-10。结果表明，体系的 pH 值为 9~11 时，碳酸钙的晶体结构由方解石逐渐转化为无定形结构。当 pH 值大于 10.7 时，钙硅物质的量浓度比等于 1，形成二氧化硅包裹无定形碳酸钙结构。pH 值为 9.3~10.7 时，碳酸钙形成不均匀密集体，形成晶体（此时钙硅物质的量浓度比大于 1），且为无定形二氧化硅包裹的方解石结构。结合大庆油田各区采出液中的钙浓度，无定形二氧化硅包覆碳酸钙的临界质量浓度为 150mg/L。当 pH 值小于 9.3 时，可以产生方解石晶体。

表 1-10　不同钙、硅离子质量浓度条件下（钙硅物质的量比为 1∶1）结垢结果

$c_{Ca^{2+}}$, mg/L	$c_{Si^{4+}}$, mg/L	pH 值	结垢结果
640,	640	10.7	二氧化硅、无定形碳酸钙
640	640	9.3	二氧化硅、方解石
400	400	10.7	二氧化硅、无定形碳酸钙
400	400	9.3	二氧化硅、方解石
200	200	10.7	二氧化硅、无定形碳酸钙
200	200	9.3	二氧化硅、方解石
150	150	10.7	二氧化硅、无定形碳酸钙
150	150	9.3	二氧化硅、方解石

④聚合物对混合垢形貌的影响。

由图 1-57 至图 1-60 可以看出，溶液中的 $CaCO_3$ 粒子符合分形生长理论。溶液中活性 $CaCO_3$ 粒子首先形成方解石晶核，由于晶核固有电场的作用，在晶核的两端形成许多分形生长的分支，这些分支连续地分形生长，当分支连续分形生长到一定程度时，两端的分支重合，形成具有花生状的粒子。这是由于三元复合驱体系中存在聚丙烯酰胺，聚丙烯酰胺水解产生羧基（—COO—），与 Ca^{2+} 通过配位键生成螯合物，形成碳酸钙成核有机—无机界面区，碳酸钙生长方式受到聚丙烯酰胺在溶液中状态的影响，发生倾向性的定向排列，不再是规则的单晶体。

图 1-57　聚合物质量浓度为 1mg/L 时的混合垢形貌

图 1-58　聚合物质量浓度为 10mg/L 时的混合垢形貌

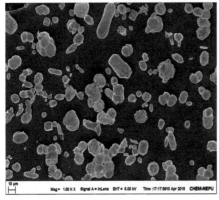

图 1-59　聚合物质量浓度为 100mg/L 时的混合垢形貌

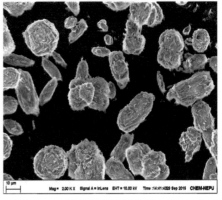

图 1-60　聚合物质量浓度为 1000mg/L 时的混合垢形貌

⑤表面活性剂对混合垢形貌的影响。

由图 1-61 至图 1-64 可以看出,从棒状碳酸钙中可以看到球形颗粒的聚集,说明随着碳酸钙沉淀的不断形成,球形颗粒会不断沉积、聚集,并且胶结在一起形成棒状结垢样品。表面活性剂呈负电性,吸附的 Ca^{2+} 会沿着伸展的表面活性剂的长链方向分布,当浓度达到过饱和时发生结晶沉淀,从而形成棒状形貌。

图 1-61　表面活性剂质量浓度为 20mg/L 时的混合垢形貌

图 1-62　表面活性剂质量浓度为 50mg/L 时的混合垢形貌

图 1-63　表面活性剂质量浓度为 200mg/L 时的混合垢形貌

图 1-64　表面活性剂质量浓度为 600mg/L 时的混合垢形貌

第三节　三元复合驱机采井结垢预测方法

一、预测模型的建立

根据温度、pH 值、压力、离子强度和反应时间等条件对碳酸钙以及低聚硅沉积的影响,分别通过数值拟合法建立碳酸钙沉积预测模型和 Matlab 数学建模法建立硅沉积三维预测曲面及预测模型[9]。

1. 碳酸钙沉积预测模型

结合大庆地区油田水质呈弱碱性的特点,地下水和采出液中存在大量碳酸氢根,当强碱三元复合驱加入后，地层水质呈碱性，大量的碳酸氢根便转化为碳酸根，当钙离子浓度超过饱和指数时，碳酸钙开始沉积。

$$OH^- + HCO_3^- \Longrightarrow CO_3^{2-} + H_2O$$

$$Ca^{2+} + CO_3^{2-} \longrightarrow CaCO_3$$

因此得知，大庆油田碳酸钙的沉积过程中直接经历的是碳酸氢根转化为碳酸根的二级反应平衡，这从根本上区别于其他从二氧化碳溶解经过一级反应形成碳酸氢根、二级反应形成碳酸根的研究过程。

由此定义碳酸根的二级反应平衡常数 K_2，如式（1-1）所示：

$$K_2 = \frac{c_{CO_3^{2-}}}{c_{OH^-} \cdot c_{HCO_3^-}} \tag{1-1}$$

或者

$$c_{CO_3^{2-}} = K_2 \cdot c_{HCO_3^-} \cdot c_{OH^-}$$

定义饱和比：离子的活度积与溶度积之比，如式（1-2）所示：

$$F_s = \frac{c_{Ca^{2+}} \cdot c_{CO_3^{2-}}}{K_{sp}} \tag{1-2}$$

式中 K_{sp}——碳酸钙溶度积；

F_s——饱和比。

将式（1-1）和式（1-2）结合得式（1-3）：

$$F_s = \frac{c_{Ca^{2+}} \cdot K_2 \cdot c_{HCO_3^-} \cdot c_{OH^-}}{K_{sp}} \tag{1-3}$$

从沉积学机理得知，数学上以多项式函数 $pK_{sp}^{(T)}$、$pK_{sp}^{(p)}$ 和 $pK_{sp}^{(I)}$ 来表示，并进行曲线拟合得到不同条件下的碳酸钙溶度积函数[10-13]。

碳酸钙溶度积的多项式拟合函数见式（1-4）：

$$pK_{sp}^{(T,p,I)} = pK_{sp}^{(T)} + pK_{sp}^{(p)} + pK_{sp}^{(I)}$$
$$= 7.98563 + 0.01555T + 7.90187 \times 10^{-6}T^2 - 0.01224p - \tag{1-4}$$
$$2.74973\,I^{1/2} + 0.81866I$$

其中，临界溶度积参数取值为7.98563，属于不同温度、压力、离子强度下的溶液中碳酸钙沉淀初始值。

同理，碳酸氢根在不同温度、压力、离子强度条件下转化为碳酸根的二级平衡常数的多项式拟合函数见表1-11。

表1-11 不同温度、压力、离子强度条件下碳酸氢根拟合函数

拟合函数	a	b	c	R^2
$pK_2^{(T)} = a + bT + cT^2$	10.52593	−0.00961	5.64739×10^{-5}	0.99587
$pK_2^{(p)} = a + bp$	10.31856	−0.00366	—	0.99938
$pK_2^{(I)} = a + bI^{1/2} + cI$	10.2281	−0.93986	0.25825	0.99523

得出碳酸根二级平衡参数的多项式拟合函数：

$$pK_2^{(T,p,I)} = pK_2^{(T)} + pK_2^{(p)} + pK_2^{(I)}$$

$$= 10.52593 - 0.00961T + 5.64739 \times 10^{-5}T^2 - 0.00366p -$$ （1-5）

$$0.93986\,I^{1/2} + 0.25825I$$

其中，临界二级平衡参数取值为 10.52593，属于不同温度、压力、离子强度下的溶液中碳酸根最大初始值。

令 $pK_i=-\lg K_i$，定义饱和指数 I_s 为 F_s 对数值：

$$I_s = \lg F_s \tag{1-6}$$

结合式（1-3）至式（1-6）得出：

$$I_s = \lg(c_{Ca^{2+}} \cdot c_{HCO_3^-}) + pH - 11.46 - 2.52 \times 10^{-2}T +$$

$$4.86 \times 10^{-5}T^2 + 8.58 \times 10^{-3}p + 1.81I^{1/2} - 0.56I \tag{1-7}$$

式中　$c_{Ca^{2+}}$——钙离子质量浓度，mg/L；

$\quad\quad c_{HCO_3^-}$——碳酸氢根离子质量浓度，mg/L；

$\quad\quad T$——温度，℃；

$\quad\quad p$——体系压力，MPa；

$\quad\quad I$——溶液离子强度，mol/L。

$$I = \frac{1}{2}\sum_{i=1}^{n} C_i Z_i^2 (i = 1,\ 2,\ 3,\ 4,\cdots,n) \tag{1-8}$$

C_i 为每种离子 i 的质量摩尔浓度，Z_i 为离子的价数。当 $I_s=0$ 时，溶液处于固液平衡状态，无沉积趋势；$I_s>0$ 时，溶液处于饱和状态，有沉积趋势；$I_s<0$ 时，溶液处于欠饱和状态，非沉积条件。

2. 低聚硅沉积预测模型

根据此模型（图 1-65），当溶液中硅含量的测量值在三维曲面之上时溶液中会发生硅沉积；当溶液中硅含量的测量值在三维曲面之下时，溶液中的硅就没有沉积的趋势。

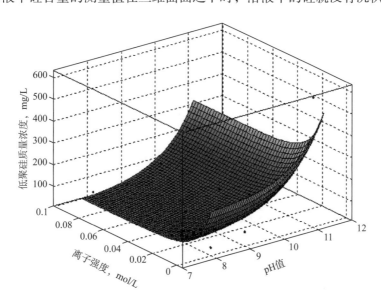

图 1-65　低聚硅沉积预测模型（25℃离子强度和 pH 值对低聚硅质量浓度的影响）

研究阳离子强度参与的预测模型时，需要固定一个因素，例如 pH 值，然后建立固定 pH 值条件下其他因素（例如阳离子强度、温度、硅沉积质量浓度）的三维预测模型。根据 exponential 函数关系，拟合得到不同温度条件下（25℃、45℃、65℃、85℃），阳离子强度与低聚硅沉积预测公式：

$$f(x) = ae^{bx} + ce^{dx} \tag{1-9}$$

其中 $f(x)$ 代表可溶性硅在溶液中的饱和浓度，x 代表阳离子强度。当 25℃时，a=416.9，b=0.7823，c=−416.9，d=0.7823；45℃时，a=267.1，b=−0.2017，c=0.003348，d=1.111；65℃时，a=14.02，b=0.2285，c=0.000521，d=1.254；85℃时，a=−4141，b=0.4679，c=4139，d=0.468。

结合现场实际情况，采出液中的实时数据是在常温条件下测得的，因此，根据模型推导 25℃时采出液中理论饱和硅浓度与 pH 值和阳离子强度的函数关系：

$$f(x,y) = 0.00001 + 0.001741e^{1.086x} + 144.8e^{-92.02y} \tag{1-10}$$

式中，$f(x,y)$ 是溶液中可溶性硅理论饱和浓度，x 是 pH 值，y 是阳离子强度。此模型公式 $f(x,y)$ 是固定条件下硅的饱和浓度的计算结果，当溶液中硅含量的测量值比公式计算的结果大时，溶液中硅会发生沉积。

二、模型修正

结合碳酸钙沉积预测模型和硅沉积三维预测曲面及预测模型，将大庆油田第四采油厂杏 5 区、杏 6 区 106 口井 2009 年 10 月至 2014 年 10 月的实时采出液数据，进行结垢与卡泵预测。以 X5-D4-E19 井为例，将表 1-12 数据代入预测公式中，计算得到碳酸钙结垢饱和指数和低聚硅沉积质量浓度，建立碳酸钙饱和指数、低聚硅沉积质量浓度与机采井结垢的对应关系。

表 1-12 X5-D4-E19 采出液离子数据

pH 值	$c_{Ca^{2+}}$, mg/L	$c_{HCO_3^-}$, mg/L	T, ℃	p, MPa	I, mol/L	可溶性硅含量, mg/L
8.08	62.93	2257.74	25	0.1	0.14035	0.00
8.53	45.09	2504.26	25	0.1	0.15933	21.21
9.08	71.74	3141.31	25	0.1	0.20331	23.29
9.55	87.17	3018.66	25	0.1	0.23314	25.12
10.26	71.74	2593.35	25	0.1	0.36939	31.74
11.13	45.89	653.52	25	0.1	0.44356	56.09

以 X5-D4-E（11-21）和 X5-D4-SE（10-18）共 12 口井的 2009 年 10 月至 2014 年 10 月的 1320 组数据以及 X6-12-E（11-21）共 11 口井的 2009 年 10 月至 2014 年 10 月的 1212 组数据为例，根据现场结垢卡泵的条件限制，如图 1-66 至图 1-69 所示，推测 pH 值

在 9.16~11 之间的结垢中期和后期为卡泵的重点区域，与现场卡泵现象一致。结合碳酸钙预测模型和硅沉积预测模型推测：

（1）当采出液中钙离子含量大于 40mg/L、pH 值在 8.10 以下、I_s 值达到 1.8 时，开始结垢，此时为结垢前期，以钙垢为主。

（2）当采出液的 pH 值为 8.10~9.16、I_s 值为 1.8~3.0 时会发生结垢量增加，此时为结垢初期，以钙垢为主、硅垢为辅；3% 的卡泵现象出现在此区域。

（3）当采出液的 pH 值为 9.16~11、I_s 值为 3.0~4.5 时大量结垢，采出液中的可溶性硅的质量浓度大于 40mg/L，此时钙垢和硅垢组分大约各占 50%，但是钙垢相对多一些；同时 90% 的卡泵现象出现在此区域，此时为结垢中期。

（4）当采出液的 pH 值在 11 以上，或从高 pH 值再次下降至 pH 值为 9、I_s 值从 4.5 下降至 3.0 的过程中，采出液中的可溶性硅的质量浓度大于 150mg/L，此时以硅垢为主、钙垢为辅；7% 的卡泵现象出现在此区域，此时为结垢后期。

因此，推测采出液中钙离子质量浓度达到 40mg/L 以上、I_s 值达到 1.8 时，其预测结垢准确率约为 90%。

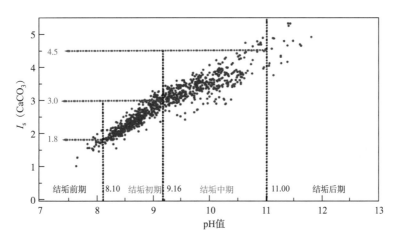

图 1-66　X5-D4 区 12 口井碳酸钙沉积与结垢预测

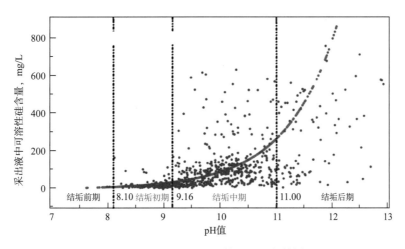

图 1-67　X5-D4 区 12 口井硅沉积与结垢预测

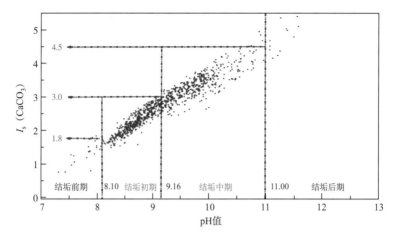

图 1-68   X6-12 区 11 口井碳酸钙沉积与结垢预测

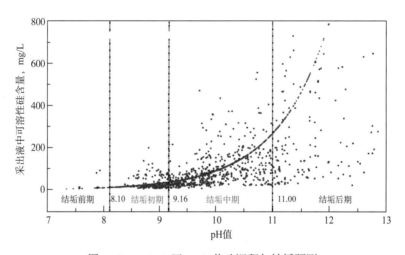

图 1-69   X6-12 区 11 口井硅沉积与结垢预测

三、模型验证

（1）结合碳酸钙沉积预测模型和硅沉积三维预测曲面及预测模型，将大庆油田第二采油厂南 5 区 39 口井 2006 年 3 月—2013 年 5 月的实时采出液数据，进行结垢与卡泵预测。

以结垢严重井 N4-31-P29 和 N4-40-P29 为例，分别将其 2006 年 3 月至 2015 年 5 月的数据，以时间为横坐标，分别以 pH 值、I_s（碳酸钙饱和指数）、采出液中钙离子含量、采出液中可溶性硅含量、可溶性硅理论饱和值为纵坐标，讨论钙垢和硅垢沉积情况与卡泵的实际条件，结果如图 1-70 和图 1-71 所示。

通过对比大庆油田第二采油厂南 5 区 39 口井和第四采油厂杏 6 区 106 口井的碳酸钙沉积现象与卡泵预测结果得知：南 5 区结垢严重井的结垢和卡泵 I_s 值均有减小趋势，其中一个重要的因素是，该区域结垢和卡泵时期的可溶性钙离子含量整体要比杏 6 区东部 I 块的低，根据碳酸钙沉积模型，可以推断，当体系中钙离子含量降低，总的离子强度也会降低，再结合现场实际结垢和卡泵情况，将沉积模型调整参数，这样便可以统一结垢和卡泵的 I_s 值，使得预测不同区块的结垢和卡泵有一个统一的预测值。

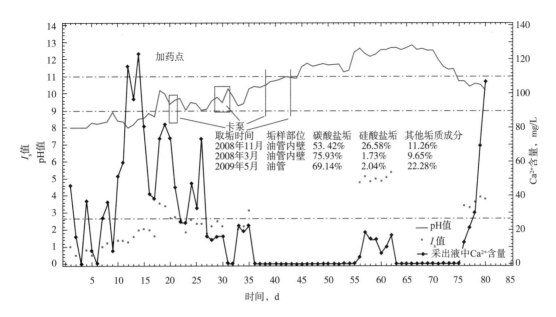

图 1-70　N4-31-P29 结垢严重井碳酸钙沉积与结垢卡泵预测

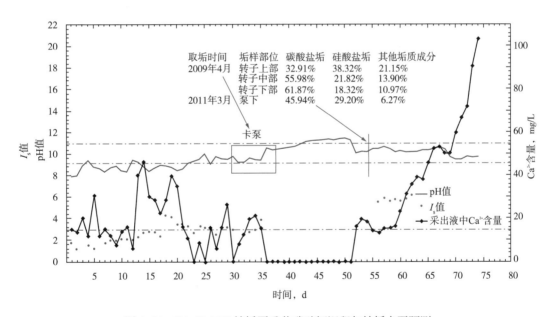

图 1-71　N4-40-P29 结垢严重井碳酸钙沉积与结垢卡泵预测

由图 1-70 及图 1-71 可知，南 5 区的井结垢量开始增加的 I_s 值为 1.0，发生频繁卡泵的 I_s 值为 2.7，与碳酸钙沉积模型预测杏 6 区东部 I 块的结垢量开始增加的 I_s 值为 1.8，为了预测不同区块的结垢和卡泵有一个统一的预测值。调整公式的参数，得到南 5 区碳酸钙沉积模型。

$$I_s = \lg(c_{\mathrm{Ca}^{2+}} \cdot c_{\mathrm{HCO_3^-}}) + \mathrm{pH} - 10.66 - 2.52 \times 10^{-2}T +$$
$$4.86 \times 10^{-5}T^2 + 8.58 \times 10^{-3}p + 1.81I^{1/2} - 0.56I \tag{1-11}$$

但是，与杏 5 区、杏 6 区细化方案做对比，南 5 区的碳酸钙卡泵的细化条件的唯一区别为采出液中的钙离子浓度要偏低，即 pH 值在 9~11 之间，当碳酸钙饱和指数 I_s 大于 3.5 时，所有的卡泵区域均包含在内，并限制条件：

① pH 值从 9 上升至 11 的过程中，采出液中钙离子的含量从高质量浓度（40~100mg/L 可以更高），持续减小至 20mg/L 以下，同时采出液中的可溶性硅的质量浓度大于 40mg/L；

② pH 值从 11 下降至 9 的过程中，采出液中可溶性硅含量在 150mg/L 以上，且溶液中可溶性硅的质量浓度大于模型计算值时，同时采出液中钙离子的质量浓度在 20mg/L 以下。单井卡泵预测准确率为 75.00%~83.33%。

（2）结合碳酸钙沉积预测模型和硅沉积三维预测曲面及预测模型，将杏 5 区、杏 6 区修正后模型对大庆油田第六采油厂喇东 33 口井从 2008 年到 2012 年的实时采出液数据，进行结垢与卡泵验证。

以 6 口井 L8-PS2613、L8-PS2615、L8-PS2625、L9-PS2525、L9-PS2610、L10-PS2505（667 组数据）为例。根据现场结垢卡泵的条件限制，如图 1-72 和图 1-73 所示，推测在 pH 值 9.16~11 之间的结垢中期和后期为卡泵的重点区域，与现场卡泵现象一致。结合碳酸钙预测模型和硅沉积预测模型，按照第四采油厂杏 6 区修正模型，应用于第六采油厂喇北东 33 口井验证结果发现，结垢预测符合率为 93%，比杏 6 区低的原因是第六采油厂的采出液中钙离子含量普遍高于第四采油厂 20mg/L，因而导致 I_s 值偏低，造成预测率下降，同时第六采油厂采出液中可溶性硅的质量浓度在中后期也要高于第四采油厂 50~100mg/L，因此，第六采油厂中后期硅垢结垢量大于同期第四采油厂硅垢结垢量。

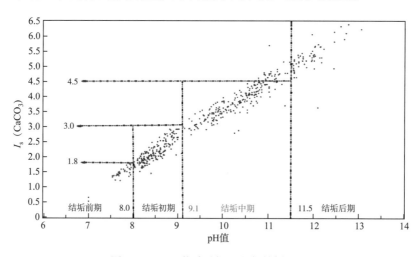

图 1-72　6 口井碳酸钙沉积与结垢预测

再次修正第六采油厂结垢预测结果如下：

①当采出液中钙离子含量大于 60mg/L、pH 值在 8.0 以下、I_s 值达到 1.8 时，开始结垢，此时为结垢前期，以钙垢为主；

②当采出液的 pH 值为 8.0~9.1、I_s 值为 1.8~3.0 时会发生结垢量增加，此时为结垢初期，以钙垢为主、硅垢为辅，5% 的卡泵现象出现在此区域；

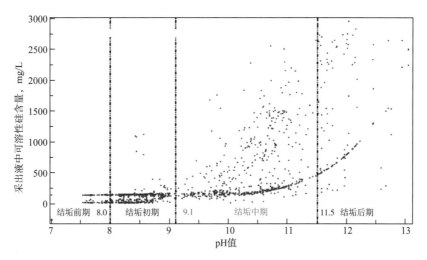

图 1-73　6 口井硅沉积与结垢预测

③当采出液的 pH 值为 9.1~11.5、I_s 值为 3.0~4.5 时大量结垢，采出液中的可溶性硅的质量浓度大于 40mg/L，此时钙垢和硅垢组分大约各占 50%，但是钙垢相对要多一些，同时 90% 的卡泵现象出现在此区域，此时为结垢中期；

④当采出液的 pH 值在 11.5 以上，或从高 pH 值再次下降至 pH 值为 9 的过程中 I_s 值从 4.5 下降至 3.0，采出液中可溶性硅的质量浓度大于 200mg/L，此时以硅垢为主、钙垢为辅，5% 的卡泵现象出现在此区域，此时为结垢后期。

以结垢严重井 L8-PS2613、L9-PS2525 和 L10-PS2505 为例，分别将其 2008—2012 年的数据，以时间为横坐标，分别以 pH 值、I_s（碳酸钙饱和指数）、采出液中钙离子含量、采出液中可溶性硅含量、可溶性硅理论饱和值为纵坐标，讨论钙垢和硅垢沉积情况与卡泵的实际条件，结果如图 1-74 至图 1-77 所示。

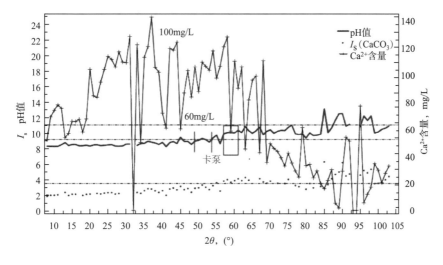

图 1-74　L8-PS2613 结垢严重井碳酸钙沉积与结垢卡泵预测

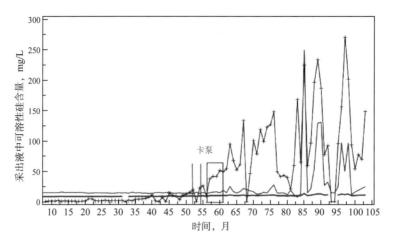

图 1-75 L8-PS2613 结垢严重井硅沉积与结垢卡泵预测

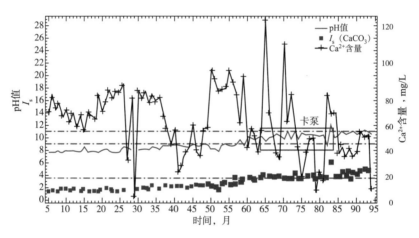

图 1-76 L9-PS2525 结垢严重井碳酸钙沉积与结垢卡泵预测

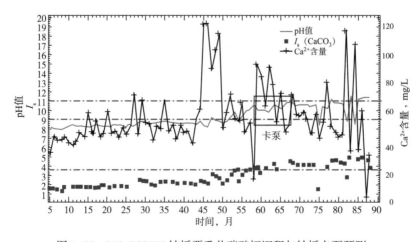

图 1-77 L10-PS2505 结垢严重井碳酸钙沉积与结垢卡泵预测

采用第四采油厂修正结垢卡泵预测模型，第六采油厂单井卡泵预测符合率为50%~73%，结合数据和图 1-74 至图 1-77 再次修正第六采油厂结垢卡泵预测结果如下：

pH 值在 9~11 之间，当碳酸钙饱和指数 I_s 值大于 3.5 时，所有的卡泵区域均包含在内，并限制条件：① pH 值从 9 上升至 11 过程中，采出液中钙离子的含量从高浓度持续降低至 40~60mg/L，同时采出液中可溶性硅的质量浓度大于 40mg/L；②溶液中可溶性硅的质量浓度大于模型计算值时，单井卡泵预测准确率为 65.00%~80.0%。

根据碳酸钙沉积预测公式，预测井下 45℃、压力 20MPa 的实际结垢情况，分别计算地面 25℃、压力为 0.1MPa 和井下时 I_s 值的变化。

如图 1-78 所示，同样离子浓度，随着温度升高，I_s 值上升；随着压力升高，I_s 值下降。综合这两种因素可知，井下 45℃、20MPa 条件下的 I_s 值要比井口 25℃、0.1MPa 条件下的 I_s 值大 0.25。相同条件下，不同的 I_s 值变化区间均有相似的增加。这说明地面的结垢情况和井下结垢趋势是一致的，仅仅是结垢程度上井下要高于地面。因此，通过检测常温常压条件下采出液的各项物理化学参数，即可推测井下的结垢情况。

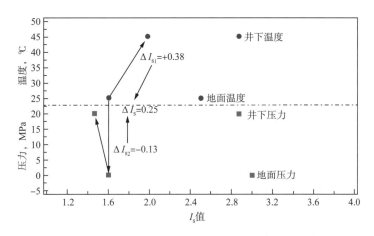

图 1-78　相同离子质量浓度，不同温度、压力条件下 I_s 值的变化

综合上述结果建立大庆油田三元复合驱油井结垢预测模型（图 1-79）。同样，对于大庆地区不同油藏三元复合驱钙硅混合垢的结垢预测情况，也可以通过研究该区块的水驱空白碳酸钙沉积结垢饱和指数和低聚硅的理论饱和值，找到不同地区的结垢差异，并对混合垢预测模型加以修正，即可得到更准确的结垢预测结果（表 1-13 至表 1-15）。

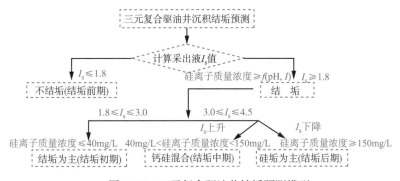

图 1-79　三元复合驱油井结垢预测模型

表 1-13　混合垢结垢预测结果

井区	实际结果	预测结果	准确率，%
喇北东结垢井数，口	28	30	92.8
南 5 结垢井数，口	29	32	89.6

表 1-14　混合垢结垢不同时期预测结果

井区	实际结果	预测结果	准确率，%
喇北东结垢井数，口	28	22	78.6
南 5 结垢井数，口	29	21	72.4

表 1-15　结垢严重井预测结果

井区	实际结果	预测结果	准确率，%
喇北东结垢严重井数，口	23	27	87.9
南 5 结垢严重井数，口	27	30	92.3

第四节　三元复合驱机采井化学防垢技术

化学防垢是油田最为常用的抑制和减缓结垢的一项技术，为了防止结垢，需连续或间歇地向油井中投加防垢剂。国外在 20 世纪 30 年代开始研究防垢剂，并应用于油田生产中，我国从 20 世纪 70 年代初开始陆续开展这方面研究及应用工作，目前已形成了品种齐全、质量稳定、效果良好的系列防垢剂。但多数防垢剂仅适用于 pH 值为 6~10 的水质，而对于 pH 值大于 12 的水质防垢效果大大降低。因此，针对大庆油田三元复合驱采出液 pH 值高、硅离子含量高等苛刻条件造成常规防垢剂难以有效防垢的情况，相应地开展适合三元复合驱油井特点的防垢剂研究工作。

一、碳酸盐垢防垢剂

1. 药剂组分筛选

通过调研、检索，对目前国内外性能较好的 20 余种水处理剂进行了筛选。通过测定每种防垢剂在三元复合体系下的钙镁垢防垢率，确定 T-601、T-602 防垢剂在三元复合体系下对钙镁垢的防垢性能较好，防垢率分别为 85.9% 和 81.9%（表 1-16）。

表 1-16　三元复合体系下钙镁垢防垢剂筛选

序号	防垢剂名称	防垢剂质量浓度，mg/L	原液中 Ca^{2+} 含量，mg/L	反应液中 Ca^{2+} 含量，mg/L	防垢率，%
1	空白	—	63	0	
2	TS-629	50	63	25.6	40.7
3	TS-604A	50	63	0.0	0
4	TS-607	50	63	0.0	0
5	TS-605	50	63	20.5	32.6
6	TS-623	50	63	0.0	0
7	TS-617	50	63	0.0	0

续表

序号	防垢剂名称	防垢剂质量浓度，mg/L	原液中 Ca²⁺ 含量，mg/L	反应液中 Ca²⁺ 含量，mg/L	防垢率，%
8	防垢剂 1 号	50	63	30.6	48.6
9	TS–601	50	63	0.0	0
10	防垢剂 2 号	50	63	23.2	36.9
11	T–601	50	63	54.1	85.9
12	TS–612	50	63	0.0	0
13	TS–606	50	63	0.0	0
14	W–120	50	63	27.0	42.9
15	HPMA	50	63	20.4	32.4
16	T–602	50	63	51.6	81.9
17	W–118A	50	63	0.0	0
18	EDTMPS	50	63	35.8	56.9
19	JN–518	50	63	16.8	26.7
20	W–122	50	63	23.4	37.1
21	JN–520	50	63	19.7	31.2
22	JN–4	50	63	0.0	0
23	HPAA	50	63	30.6	48.6
24	JT–225	50	63	14.9	23.7

2. 防垢剂浓度对防钙垢效果影响

防垢剂浓度是影响防垢效果的一个重要因素。通常情况下防垢剂都存在一个最佳使用浓度，这种效应称为"溶限效应"。数据显示（图 1–80），防垢率随着浓度的增加而增加，在质量浓度为 50mg/L 左右时防垢率达到 80% 以上，此后随着防垢剂浓度的增加，防垢率增幅较小。

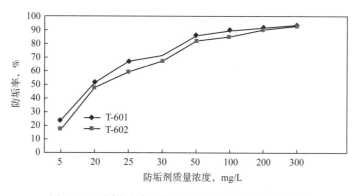

图 1–80　防垢剂质量浓度对防垢率（钙垢）的影响

3. 防垢剂的复配

防垢剂复配使用时，在保持防垢剂总量不变的情况下，复配的防垢效果大大高于单独使用其中任何一种防垢剂的防垢效果，这种效应称为"协同效应"。之所以产生协同效应，其原因可能是因为两种药剂相互配合，从不同方面降低垢的生成，两种防垢剂互为补充，从而提高其防垢效果。

对防垢效果较好的防垢剂 T-601、T-602 按不同比例复配,考察复配后防垢剂的防垢效果。数据显示,复配防垢剂的防垢率增加,二者最佳比例为 1:1,防垢率达到 97.9%(表 1-17)。

表 1-17　T-601 和 T-602 防垢剂不同复配比例的防垢效果数据

复配比例	1:2	1:1	2:1	3:1	4:1
防垢率,%	95.3	97.9	95.3	92.1	90.7

4. 防垢机理

T-602 防垢剂属有机多元膦酸类化合物,其对碳酸钙垢防垢机理为:在水溶液中它能够解离成 H^+ 和酸根,离解后的酸根以及分子中的氮原子可以和许多金属离子生成稳定的多元络合物(图 1-81)。

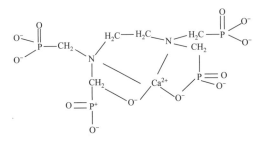

图 1-81　防垢剂分子与钙镁离子络合机理

溶液中一个有机多元膦酸分子可以和两个或多个金属离子螯合,形成很稳定的立体结构的双环或多环螯合物,抑制溶液中 Ca^{2+}、Mg^{2+} 生成碳酸盐垢等沉淀,即所谓的络合增溶作用。

另外,水溶液中的成垢碳酸盐,首先生成晶核,然后晶核逐渐生长成为大晶体而沉积下来,粒子沉降速度与颗粒直径成正比,即颗粒越小越不易沉降。如果使碳酸盐处于微晶或亚微晶状态,碳酸盐将悬浮于水溶液中而不会沉积。T-601 防垢剂在水溶液中,由于溶剂化作用可离解成带负电的聚离子,它与碳酸盐微晶碰撞时,发生物理和化学吸附,无机盐被吸附在聚离子的分子链上,呈现分散状态,悬浮在水溶液中不沉积,也不会黏附在金属传热表面上生成垢(图 1-82)。

粒子　　　　　阴离子聚电解质

图 1-82　阴离子型聚电解质使无机盐粒子分散示意图

防垢剂的分散作用可以通过测定固体颗粒体系的黏度来评价,将不同用量的防垢剂加到固体颗粒体系后,测定黏度变化,黏度降低越多,则分散作用越好。

T-601 防垢剂溶于水后,高分子链成为带电荷的聚离子(—COO^-,—SO_3^-)。分子链上带电功能基团相互排斥,使分子链扩张,改变了分子表面平均电荷密度,表面带正电荷的碳酸盐微晶将被吸附在聚离子上。当一个聚离子分子吸附两个或多个微晶时，可以使微晶带上相同电荷，致使微粒间的静电斥力增加，从而阻碍微晶相互碰撞形成大晶体。

二、硅酸盐垢防垢剂

1. 硅垢的分类和形成

水中硅的种类有溶解硅、胶体硅和微粒硅三种。溶解硅在水中的实际存在形式不为人所知，人们常以 SiO_2 的质量浓度来计量水中溶解硅的含量。硅酸盐垢通常以硅酸钙和硅酸镁等难溶盐形式存在，常简称为硅垢。硅垢的最终形成取决于 pH 值、温度及其他离子的存在类型等多种因素。在碱性环境中，钙镁离子首先与氢氧根结合，生成氢氧化镁、氢氧化钙，氢氧化镁和氢氧化钙与硅酸根进一步结合，生成硅垢。除硅酸镁垢和硅酸钙垢外，硅垢的另一种存在形式是以聚合态或无定形态的形式存在，此时硅常称为硅酸、单体硅、溶解硅和水合 SiO_2，统称其为悬浮硅或胶体硅，其通式可表示为 $xSiO_2 \cdot yH_2O$。在中性环境下，硅酸以分子形式存在，当 pH 值上升为 8.5 时，10% 的硅酸可能发生离子化，pH 值上升到 10 时，50% 的硅酸会离子化。硅酸的离子化在一定程度上可能会抑制硅酸发生自聚合反应，但是如果硅酸的离子化反应一经发生，溶液中羟基的存在就会促使硅酸发生自聚合反应。过量的硅通常以无定形的二氧化硅析出，析出的二氧化硅并不下沉，而是以胶体粒子状态悬浮于水中。当水的 pH 值和压力降低时，硅在水中的溶解度降低，容易形成二氧化硅胶体和硅酸盐垢，二氧化硅的溶解度随溶液中含盐量的增加而降低。

目前使用的多数化学防垢剂是对 Ca^{2+}、Mg^{2+} 等金属离子态垢起到抑制防垢作用，通过防垢剂自身或水解产物可与 Ca^{2+}、Mg^{2+} 等金属离子形成稳定的多元络合物，而对分子态 SiO_2 垢不能有效防治。

2. 硅防垢剂的合成

阻止 SiO_2 垢形成需要从两个方面进行考虑：一方面，在还没有形成 SiO_2 小颗粒时对它进行抑制，从而防止垢的形成；另一方面，在 SiO_2 小颗粒形成以后，通过阻垢剂对小颗粒的吸附作用，可以阻止小颗粒进一步聚集，阻止小颗粒进一步长大，从而起到阻垢作用，因为 SiO_2 垢是无定形态的，所以控制第一步比较困难。聚阴离子阻垢剂对于原硅酸的聚合没有任何抑制作用，因此依据硅垢形成机理，设计合成了新型阻垢剂 SY-KD（图 1-83）。

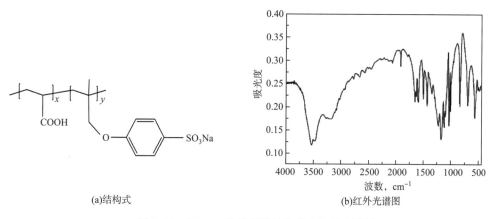

(a)结构式   (b)红外光谱图

图 1-83 SY-KD 防垢剂的结构式和红外光谱图

3. 硅垢防垢剂阻垢机理

机理 1：在三元复合驱过程中，液体中 Ca^{2+}、Mg^{2+} 浓度很高，SY-KD 防垢剂分子中含有两种聚阴离子，一种是聚羧酸，另一种是聚苯磺酸，两者对钙都有一定的螯合能力，通过 Ca^{2+}、Mg^{2+} 做桥，SY-KD 防垢剂对 SiO_2 小颗粒进行吸附，生成的螯合物溶于水，从而阻止小颗粒相互结合，从而起到分散的作用（图 1-84）。

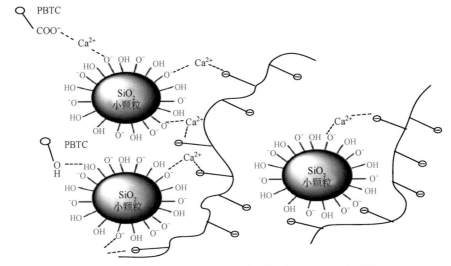

图 1-84　SY-KD 防垢剂与 SiO_2 小颗粒的相互作用示意图

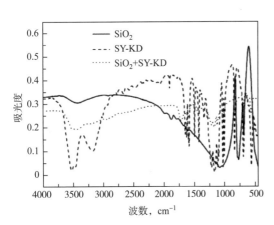

图 1-85　SY-KD 和 SiO_2 小颗粒在水溶液中相互作用的产物红外光谱图

机理 2：SY-KD 防垢剂含有—OH，SiO_2 小颗粒表面也含有大量的—OH，这样在 SY-KD 防垢剂和 SiO_2 小颗粒之间就会形成氢键，对 SiO_2 小颗粒的吸附作用增强，对 SiO_2 垢的形成起到分散作用。

基于上述防垢机理，开展了 SY-KD 防垢剂和 SiO_2 小颗粒在水溶液中相互作用的产物红外表征实验研究（图 1-85）。

从 SY-KD 和 SiO_2 小颗粒在水溶液中相互作用的红外光谱图可以看出，纯 SiO_2 中位于 $1085cm^{-1}$ 处的 Si—O—Si 不对称伸缩振动峰在 SY-KD 与 SiO_2 作用的产物红外光谱图中发生了偏移，偏移到了 $1104cm^{-1}$ 的位置。SY-KD 和 SiO_2 相互作用的产物红外光谱图在 $3000\sim3500cm^{-1}$ 处的峰的强度处于纯 SiO_2 峰强和 SY-KD 在此处的峰强之间，已有文献指出这是由于硅阻垢剂包裹住了溶液中悬浮的 SiO_2 颗粒，即由于氢键和静电相互作用，聚合物 SY-KD 部分吸附在 SiO_2 颗粒表面，形成了一种稳定结构。红外检测结果同时也表明，通过冷冻干燥的方法去除水后，这种相互作用的结构仍然可以保存下来。分析指纹区的红外光谱图可以发现，纯 SiO_2 中位于 $778cm^{-1}$ 的 Si—O⁻ 对称伸缩振动峰在 SY-KD 和 SiO_2 相互作用的产物红外光谱图中没有出现，通过对比纯 SY-KD 和纯 SiO_2 的红外光谱图可以知道这个峰发生了偏移，可能移动到了 829cm^{-1}。由于在纯 SiO_2 中位于 778cm^{-1} 的 Si—O$^-$ 对称伸缩振动峰强度很大，但是在 SY–KD 和 SiO_2 相互作用的产物红外光谱图中却发现这个峰位置和强度都发生了很大变化，这充分说明了由于 SY–KD 的存在，羧基以及磺酸基团与 Si—O—Si 键的作用对其伸缩振动产生了影响，实验证明 SY–KD 在溶液中确实与 SiO_2 存在吸附关系。

第五节　三元复合驱机采井化学清垢技术

化学清垢技术是利用可溶垢质的化学物质使设备表面上致密的沉积垢变得疏松脱落甚至完全溶解，从而达到清除沉积垢的目的，该方法可以较快地恢复油藏的生产能力。不同化学剂对于不同组分的垢的溶解能力是有差异的，因此，选用恰当的化学清垢剂，是保证化学清垢剂清垢效果和速度的关键。

一、碳酸盐垢清垢剂

清除碳酸盐垢和氢氧化物垢的清垢剂是以无机酸和有机酸为主剂的清垢剂体系。由于碳酸盐垢在酸中溶解性好，易清除，室内实验中无机酸以碳酸盐垢为主的垢样溶解率可以达到 95% 以上（图 1–86）。

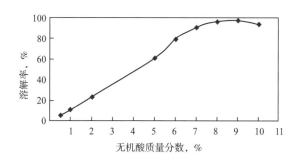

图 1–86　无机酸对碳酸盐垢溶解率

碳酸盐垢和氢氧化物垢清除反应式如下：

$$CaCO_3 + 2HCl === H_2O + CO_2 + CaCl_2$$

$$Ca(OH)_2 + 2HCl === 2H_2O + CaCl_2$$

二、硅酸盐垢清垢剂

氢氟酸与二氧化硅的反应可以用软硬酸碱理论进行解释。1958 年，S. 阿尔兰德、J. 查特和 N.R. 戴维斯根据某些配位原子易与 Ag^+、Hg^{2+}、Pt^{2+} 配位，另一些则易与 Al^{3+}、Ti^{4+} 配位，将金属离子分为两类：a 类金属离子包括碱金属、碱土金属、Ti^{4+}、Fe^{3+}、Cr^{3+}、H^+；b 类金属离子包括 Cu^+、Ag^+、Hg^{2+}、Pt^{2+}。1963 年，R.G. 皮尔逊在路易斯酸碱电子对理论基础上进一步提出了软硬酸碱理论，在软硬酸碱理论中，酸、碱被分别归为"硬""软"两种（表 1–18）。"硬"是指那些具有较高电荷密度、较小半径的粒子（离子、原子、分子），即电荷密度与粒子半径的比值较大；"软"是指那些具有较低电荷密度和较大半径的粒子。"硬"粒子的极化性较弱，但极性较强；"软"粒子的极化性较强，但极性较弱。

表 1-18 软、硬及交界酸碱分类

硬酸	H^+、Li^+、Na^+、K^+、（Rb^+）、Be^{2+}、Mg^{2+}、Ca^{2+}、Sr^{2+}、Mn^{2+}、Al^{3+}、Cr^{3+}、Fe^{3+}、Co^{3+}、Sc^{3+}、La^{3+}、As^{3+}、Ga^{3+}、Si^{4+}、Ti^{4+}、Zr^{4+}、Hf^{4+}、U^{4+}、Sn^{4+}、Ce^{4+}、BF_3、$Al(CH_3)_3$、Al_2Cl_6、SO_3、CO_2
交界酸	Fe^{2+}、Co^{2+}、Ni^{2+}、Cu^{2+}、Zn^{2+}、Pb^{2+}、Sn^{2+}、Sb^{2+}、Bi^{3+}、$B(CH_3)_3$、SO_2、NO^+、$C_6H_5^+$、R_3C^+
软酸	Pd^{2+}、Cd^{2+}、Pt^{2+}、Hg^{2+}、Cu^+、Ag^+、Tl^+、Hg_2^{2+}、CH_3、Hg^+、Au^+、$GaCl_3$、GaI_3、RO^+、RS^+、PSe^+、金属原子、CH_2、Br_2、I_2
硬碱	H_2O、OH^-、F^-、ClO_4^-、NO_3^-、CH_3COO^-、CO_3^{2-}、ROH、RO^-、R_2O、NH_3、RNH_2、N_2H_4
交界碱	$C_6H_5NH_2$、C_5H_5N、N_3^-、Br^-、NO_2^-、SO_3^{2-}、Cl^-、
软碱	H^-、R_2S、RSH、RS^-、I^-、SCN^-、R_3P、CN^-、R^-、CO

氢氟酸电离产生的 H^+ 也可以与垢样中的不溶性无机碳酸盐反应促使其溶解。也就是说，氢氟酸对于垢样中的两种主要成分不溶性无机碳酸盐和无定形二氧化硅都具有很好的溶解作用。因此，氢氟酸可以较好地溶解三元复合驱采出井中形成的垢样。在氢氟酸溶解二氧化硅的过程中，虽然 F^- 与 Si^{4+} 的结合起到了决定性作用，但是 H^+ 的存在也是必不可少的因素。实验结果表明，单纯的氟盐在中性或碱性条件下对于二氧化硅几乎没有溶解作用。此外，由于垢样中还含有较多的不溶性无机碳酸盐，一定量 H^+ 的存在将会使其溶解。因此，氢氟酸或者在酸性条件下的氟盐才能够对三元复合驱机采井形成的沉积垢有较为理想的溶解和清除效果。

清垢化学反应方程式如下：

（1）硅酸垢清除反应式。

$$SiO_2 + 2H_2O \rightleftharpoons H_4SiO_4$$

$$H_4SiO_4 + 6HF \rightleftharpoons H_2SiF_6 + 4H_2O$$

（2）硅酸盐垢清除反应式。

$$CaSiO_3 + 6HF \rightleftharpoons CaSiF_6 + 3H_2O$$

$$CaSiF_6 + (NH_4)_2EDTA \rightleftharpoons Ca\,EDTA + (NH_4)_2SiF_6$$

$$MgSiO_3 + 6HF \rightleftharpoons MgSiF_6 + 3H_2O$$

$$MgSiF_6 + (NH_4)_2EDTA \rightleftharpoons Mg\,EDTA + (NH_4)_2SiF_6$$

实验表明，随着氢氟酸质量分数增加，硅垢的溶解率增加（图 1-87）。针对三元复合驱油井中以硅垢为主的垢物，在其他组分浓度不变的条件下，垢溶解率随清垢剂中氢氟酸质量分数增加而增加，氢氟酸质量分数为 10% 时，垢的溶解率最大，为 84.3%（图 1-88）。

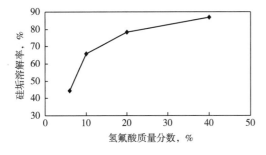

图 1-87 不同质量分数氢氟酸对垢溶解率

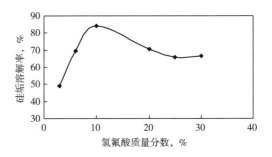

图 1-88 不同质量分数氢氟酸清垢剂对垢溶解率

针对大庆油田三元复合驱不同结垢阶段的垢质成分，给出了不同类型清垢剂（表 1-19）。

表 1-19　不同清垢剂对油井中垢的溶解率

结垢阶段	垢质组成，%		清垢剂类型	溶解率，%
	钙垢	硅垢		
初期	68.24	12.97	CYF-Ⅰ	95.3
中期	23.87	55.42	CYF-Ⅱ	87.1
后期	10.21	67.96	CYF-Ⅱ（加强型）	84.3

第二章 化学驱增产增注技术

第一节 聚合物驱解堵增注技术

聚合物驱油过程不仅会对地层产生常规注水共有的危害，而且还伴有聚合物溶液与油层岩石、流体不配伍的现象，同时高分子聚合物会在油层中产生吸附、滞留等伤害。国内外通常采用氧化剂来解除这种在注入过程中聚合物和细菌产物造成的地层伤害[14-16]。常用于聚合物注入井解堵处理的氧化剂为次氯酸钠和过氧化氢[17-20]。

在聚合物解堵技术方面，国外已积累了一些成功经验。1984年，在得克萨斯州霍克利县的油气田聚合物驱矿场试验中，美国人研究了一种聚合物解堵技术，即采用一种固态氧化剂，通过它释放的过氧化物来溶解地层中残存的聚合物，在矿场试验中取得了很好的效果。M.McGlalhery在1987年首次利用二氧化氯的强氧化作用来消除聚丙烯酰胺聚合物对井底造成的堵塞。D.Brost在1989年开始利用二氧化氯与酸的协同作用来消除聚合物、硫化铁等对井底的堵塞。截至1993年，用二氧化氯作为强氧化剂来处理聚合物、硫化铁堵塞的聚合物注入井达到1000多口。

20世纪90年代以来，国内步入了大规模的聚合物驱油工业化应用阶段，聚合物堵塞造成注入困难的井数也日益增多。为了消除聚合物注入井井眼附近的聚合物堵塞，提高聚合物注入量，大庆油田主要采用了普通水力压裂和过氧化氢氧化剂解堵措施，虽然有一定效果，但普遍存在着有效期短的问题。

在聚合物驱注入井压裂解堵工艺技术方面，由于聚合物驱注入井注入聚合物溶液黏度高，携砂能力强，造成压裂的缝口支撑剂在注入压力波动的条件下，向裂缝深部运移，使缝口闭合，而导致聚合物注入井压裂有效期短。

国内外压裂用固砂剂主要有核桃壳、包裹砂、树脂、纤维等。20世纪90年代以来，美国采用纤维防砂技术进行油水井压裂施工，它经济成本较低，应用了500多口井，取得了比较好的效果。国内大庆油田曾使用包裹砂技术进行聚合物注入井压裂防砂，也取得了较好的效果，但是包裹砂成本较高，大大地增加了压裂施工措施成本。

一、聚合物注入井堵塞机理

聚合物注入井的堵塞主要是以下几个方面因素综合作用的结果：

（1）完井作业过程中的污染或试注措施不当造成近井地带堵塞，使注入量降低。主要包括外来杂质侵入以及油层黏土矿物吸水后膨胀、运移等引起的伤害，也包括无机垢、有机垢和细菌堵塞等。

（2）聚合物溶液与油层岩石、地层流体及有关化学剂不配伍，可形成沉淀，堵塞地层，造成伤害：

①聚合物溶液和油田水的配伍性。聚合物溶液和油田水的配伍性应考虑各种离子含量，特别是高价阳离子含量的影响。当聚合物溶液与油田水不配伍时，特别是遇到富含钙

离子、镁离子的水时，黏度迅速下降，形成絮状沉淀，可堵塞地层。地层水中存在的高价铁离子（Fe^{3+}）也容易和聚合物发生交联反应生成微凝胶，从而堵塞地层。以往资料表明，当油田水中 Fe^{3+} 质量浓度接近 1mg/L 时，就很有可能发生堵塞，当 Fe^{3+} 质量浓度大于 1mg/L 时，就会产生明显堵塞，同时聚合物注入压力显著上升。

②聚合物与化学剂的配伍性。井筒附近或油层内存在如示踪剂、残酸液、杀菌剂等有关的化学剂时，若聚合物与这些不配伍的化学剂相遇，就可能产生沉淀，从而堵塞地层。实验结果表明，聚合物遇到强酸，将发生分子内和分子间亚胺化反应，生成沉淀。

（3）聚合物在多孔介质中吸附、滞留，会改变岩石孔隙结构，降低渗透率，损害地层。聚合物在岩石孔隙壁上吸附，将产生位阻效应，引起流动截面积减小。分子量为 1600×10^4 的聚丙烯酰胺大分子在溶液中的形态像一个直径 0.4μm 的线团。因此，预计覆盖在孔隙壁上的聚丙烯酰胺单分子层可以使平均孔隙直径减小 0.8μm。100D 砂岩的平均孔隙直径约 3μm，显然可预计在孔隙壁上存在这种聚合物吸附层，它将大大地降低油层岩石的渗透率。

（4）聚合物产品本身质量不好或在现场配制过程中未能完全溶解而形成"鱼眼"，从而堵塞地层。

（5）聚合物溶液变性造成地层堵塞。聚合物溶液物理、化学性质均相对稳定，可以很好地保持原有性质。但是，它作为一种高分子化合物溶液，富含大量的活性官能团，对许多化学品存在着一定的敏感性，造成局部或整体的变性。现场造成聚合物溶液变性的主要原因有以下几个方面：

①注入管线或注入井内的钻井液、化学剂造成聚合物絮凝，形成沉淀，堵塞地层。

②地层水中富含的高价离子、有机物，如醛、酚类化合物与聚合物溶液不配伍，形成凝胶团块，造成近井地带堵塞，影响聚合物注入。

（6）聚合物注入速度与油层发育状况不匹配，导致注入压力升高，注入能力下降。现场试验表明，随着聚合物注入体积倍数的增加，聚合物注入速度与油层发育状况不匹配的注入井的流压、静压均上升，但静压上升幅度大于流压上升幅度，造成注入压差变小，注入能力降低。

此外，部分聚合物注入井注聚合物过程中注入压力高，达不到配注的原因还与注入井自身的油层发育状况及连通性有关。总之，造成聚合物注入井堵塞的因素很多，分析聚合物驱注入井堵塞机理应从注入井的静动态资料、以往井上施工出现的问题及从井内返排出的堵塞物成分等多方面，有针对性地进行分析来判断。

二、化学解堵技术

化学解堵增注技术是指按照一定的注入工艺将化学解堵剂注入注入井近井地带，通过解堵剂与堵塞物发生降解反应，使堵塞物溶解，从而解除近井地带堵塞，达到降低注入压力或增加注入量目的的一类措施。

1. 复合解堵技术

复合解堵剂主要由聚合物降解剂、复合酸等多种成分组成。各组分的作用如下：

（1）聚合物降解剂以强氧化剂为主要成分，它对各种有机高分子聚合物具有氧化降解能力，可以使地层中吸附的高黏度聚合物、熟化不好的聚合物团块等降解成短链的水化小分子，逐渐脱离岩石表面，最终被注入液体溶解并带走。

（2）复合酸主要用于溶解堵塞物中钻井液、砂、黏土等机械杂质以及垢质成分，进一步提高砂岩基质渗透率。

1）复合解堵剂对堵塞物的溶解试验

通过对近井地带返排物成分分析，近井地带堵塞物主要为聚合物团块、机械杂质以及垢质成分。复合解堵剂对井底返排物的溶解率可达98.0%以上（表2-1）。

表2-1 复合解堵剂对井底返排物溶解试验

名称	溶解时间，h	现象	溶解率，%
复合解堵剂	4	返排物基本溶解，上层溶液基本没有悬浮物，呈灰褐色，下层有少量未溶解的聚合物团块及不溶杂质	90
	8	聚合物团块完全溶解，上层溶液没有悬浮物，呈灰褐色，下层有少量不溶杂质	95.8
	12	把降解剂溶液从烧杯中倒出，用清水冲洗剩余杂质后，加入一定的复合酸溶液，12h后，返排物的杂质基本溶净	98.4

2）室内岩心实验

在岩心模拟现场实验条件下，被堵塞后的岩心通过复合解堵剂处理后，岩心渗透率平均恢复率为132.75%，见表2-2。这说明复合解堵剂不但可以溶解聚合物堵塞物，还可以进一步改善岩心基质渗透率，具有较好的解堵增注特性。

表2-2 复合解堵剂室内岩心实验效果

岩心编号	水相渗透率 mD	堵塞后		降解处理后		复合解堵后	
		渗透率 mD	伤害率 %	渗透率 mD	恢复率 %	渗透率 mD	恢复率 %
1	31.57	4.112	87	23.2	73.5	37.33	118
2	34.71	16.31	53	23.28	67.0	50.6	146
3	46.93	8.1	82.7	34.9	74.4	64.9	138
4	81.2	46.2	43	52.5	64.7	105	129

3）现场施工工艺及应用效果

（1）复合解堵工艺。

施工时，先注入聚合物降解剂解除聚合物及与蜡、沥青、胶质形成的凝胶团块堵塞，再注入复合酸，溶解无机堵塞物，恢复砂岩基质渗透率，达到增加聚合物注入井注入量的目的。

（2）暂堵转向工艺。

当聚合物注入井油层较厚或存在多层时，如果采用笼统注入解堵液技术施工，解堵液可能全部进入高渗透层或堵塞不十分严重的层，使真正需要解堵的低渗透油层和堵塞严重的油层达不到处理效果。为此，需要采用暂堵转向技术，即先注入解堵液处理高渗透油层，然后利用暂堵转向剂将暂时封堵住高渗透层，让解堵液转向进入低渗透层和堵塞严重的层，确保各层段均匀解堵，达到处理多层的目的。

（3）矿场应用效果。

统计大庆油田聚合物驱区块上百口聚合物注入井复合解堵增注现场效果，增注或降压有效率为 85.5%，平均有效期达到 170d 以上。

2. 深部化学解堵技术

聚合物在地层中不可避免存在着吸附、滞留。适量的聚合物吸附、滞留会有利于降低水相渗透率，进一步达到减小水油流度比的作用。但是在实际驱油过程中，大分子的聚合物在孔隙介质中的吸附、滞留，会改变孔隙结构，降低渗透率，从而伤害地层。并且，随着聚合物注入体积的逐渐增加，聚合物在岩心上的吸附程度会进一步加重，堵塞半径将进一步增大。这种聚合物吸附、滞留造成的堵塞导致部分井的注入状况变差，而近井化学解堵技术却无法解决。因此，大庆油田研制了一种深部化学解堵技术，即采用深部处理剂，在不影响聚合物驱油效果的前提下，通过竞争吸附驱替掉吸附在岩石表面上的聚合物，同时阻止再吸附后续聚合物，从而达到降低注入压力、恢复油层渗透率的目的[21-22]。

1）室内岩心驱替实验

在岩心模拟现场试验条件下，经聚合物吸附堵塞后的岩心，通过深部处理剂解堵后，岩心渗透率平均恢复率为 103.0%。并且与近井化学解堵技术相比，岩心注入深部处理剂后再注入 60PV 聚合物，后续聚合物驱平均伤害率为 34.75%，相对于化学解堵技术降低了 49.45 个百分点，这说明深部处理剂不但具有解堵作用，还可以作为油层保护剂，阻止后续聚合物再吸附，以保证化学解堵有效期（表 2-3）。

表 2-3 深部处理剂岩心动态实验数据

项目	岩心水相渗透率 mD	聚合物驱后水相渗透率 mD	伤害率 %	解堵后水相渗透率 mD	平均恢复率 %	后续聚合物驱水相渗透率 mD	后续聚合物驱伤害率 %	后续聚合物驱平均伤害率 %
深部解堵	77.20	16.02	79.2	81.06	103	51.42	33.4	34.75
	69.88	14.59	79.1	70.58		44.65	36.1	
化学解堵	79.3	13.72	82.7	109.43	133.5	11.66	85.3	84.2
	81.2	15.2	81.1	104.75		13.72	83.1	

2）应用效果

统计了在大庆油田聚合物工业性推广区块采用深部化学解堵的 161 口聚合物注入井的效果，施工后初期平均降压 0.97MPa，日增注量为 25.3m³，平均有效期可达 5 个月。

通过分析现场试验数据以及注聚合物区块的有关地质资料，得出以下认识：对于由聚合物凝胶团块堵塞的井，或者对于油污乳化、钻井液堵塞的井，化学解堵效果明显；渗透率低、连通性差、断层影响等地质原因导致注聚合物能力低、初期压力起点高，甚至间歇注入的聚合物注入井化学解堵效果不理想，应从调整注聚合物方案或压裂解堵等地层改造措施考虑。

三、压裂解堵增注技术

水力压裂是聚合物驱中有效的解堵技术，但是在大庆油田初期应用效果不够理想，有效期短，造成压裂失效的主要原因是由于聚合物溶液的黏度高、携砂能力强，聚合物溶液容易将支撑剂带入地层深部，造成井筒附近没有支撑剂，裂缝闭合[23]。

为了防止支撑剂的运移，采用树脂砂等聚合性较强的支撑剂或核桃壳等可变形的软支撑剂[24]，或应用可以在裂缝内形成网络的纤维将支撑剂缠绕在一起的方法均可防止这种运移现象，使井筒周围的支撑剂连接成一个整体，在聚合物注入井注入过程中不会向地层深处移动，实现延长压裂有效期的目的。

1. 核桃壳、碳纤维、树脂砂运移规律研究

在闭合压力 0MPa、3MPa 下，研究了聚合物溶液（黏度为 30mPa·s）在碳纤维 + 石英砂（碳纤维和石英砂的体积比为 1∶3）、核桃壳 + 石英砂（核桃壳和石英砂的体积比为 1∶1）、树脂砂充填的高度为 3mm 水平裂缝中各支撑剂的运移规律。实验结果如图 2-1、图 2-2 所示。

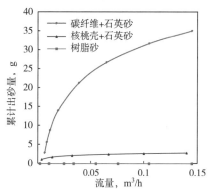
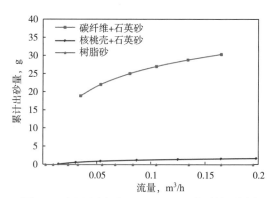

图 2-1　闭合压力为 0MPa，3mm 水平缝不同支撑剂聚合物驱（黏度为 30mPa·s）模型出口累计流出的砂量 G 与流量 Q 之间的关系

图 2-2　闭合压力为 3MPa，3mm 水平缝不同支撑剂聚合物驱（黏度为 30mPa·s）裂缝模型出口累计流出的砂量 G 与流量 Q 之间的关系

从图中可以看出，核桃壳 + 石英砂聚合物驱时裂缝模型出口有少量砂粒流出，碳纤维 + 石英砂聚合物驱时裂缝模型出口有较大量的砂粒流出，说明核桃壳 + 石英砂或碳纤维 + 石英砂聚合物驱时虽然出砂量较石英砂少，但仍有支撑剂大量运移现象，而树脂砂聚合物驱时裂缝中的运移量为零，树脂砂防止支撑剂运移的能力最强，并且树脂砂能够在井筒周围形成一个整体的砂饼，使支撑剂不能向任何方向移动，故选用树脂砂投入现场实验。

2. 树脂砂性能评价

树脂砂的作用原理是在压裂石英砂颗粒表面涂敷一层薄且有一定韧性的树脂层，该涂层可以将原支撑剂改变为具有一定面积的接触。当该支撑剂进入裂缝以后，由于温度的影响，树脂层首先软化，然后在固化剂的作用下发生聚合反应，从而使颗粒之间由于树脂的聚合而固结在一起，将原来颗粒之间的点与点接触变成小面积接触，降低了作用在砂粒上的单位面积负荷，增加了砂粒的抗破碎能力，固结在一起的砂粒形成带有渗透率的网状滤段，阻止压裂砂的外吐，而且原油、地层水对树脂砂没有影响，详见表 2-4。

表 2-4　流体对树脂砂的影响

浸泡介质	浸泡时间，d	抗压强度，MPa	结论
原油	90	6.21（常温树脂砂）	无影响
原油	90	6.16（高温树脂砂）	无影响
地层水	90	6.13（常温树脂砂）	无影响
地层水	90	6.24（高温树脂砂）	无影响

（1）树脂砂渗透率及导流能力。

在不同闭合压力下，对低温树脂砂（45℃固化）渗透率、导流能力进行了测试，并与石英砂进行了对比，详见表2-5和图2-3、图2-4。

表2-5　石英砂及树脂砂渗透率、导流能力数据

闭合压力，MPa	渗透率，D		导流能力，D·cm	
	石英砂	固化后树脂砂	石英砂	固化后树脂砂
10	95.7	78.6	68.3	54.8
20	54.2	45.2	36.3	29.6
30	28.7	29.7	18.3	19.7
40	16.9	22.5	10.5	13.7
50	13.0	16.3	7.8	9.4

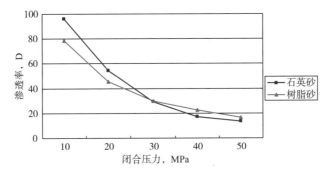

图2-3　石英砂、树脂砂渗透率对比曲线

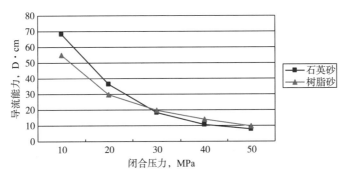

图2-4　石英砂、树脂砂导流能力对比曲线

从图2-3、图2-4和表2-5中可以看出，固化后的树脂砂与石英砂相比，当闭合压力在20MPa以下时渗透率及导流能力比石英砂低18%左右，30MPa闭合压力以上时树脂砂渗透率、导流能力比石英砂要高。

（2）导流能力降低对增注效果的影响不大。

对于相对高渗透性油层来说，在同样条件下裂缝的导流能力越高，增产（增注）倍数

越大。前面实验结果得出当闭合压力在 20MPa 以下时树脂砂渗透率及导流能力比石英砂低 18% 左右。为了分析这 18% 的导流能力对压裂效果的影响，利用数值模拟法，对不同裂缝导流能力下压裂后生产时间与产液量关系进行了计算，计算结果如图 2-5 所示。

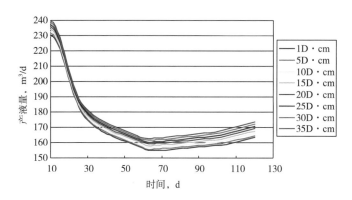

图 2-5　油井产液量动态曲线（井距 250m，厚度 3.0m，渗透率 600mD，穿透比 20%）

从图 2-5 中可以看出，裂缝导流能力下降 18% 时，影响的产液量只有 1.2~1.9m³/d（35D·cm 导流能力对应的初期产量为 237m³/d，120 天后日产量为 173m³；25D·cm 导流能力对应的初期产量为 235m³/d，120 天后日产量为 170m³。也就是说，导流能力下降 29% 时，对初期产量的影响为 2m³/d，120 天后影响的产量为 3m³），压裂初期产液量下降幅度只有 0.5%~1.1%，聚合物注入井采用树脂砂压裂有效期比普通石英砂压裂长 1 天，即可弥补产量损失，现场树脂砂压裂实际有效期比石英砂长得多，因此树脂砂导流能力的降低不影响聚合物增注效果。

3. 固砂剂现场应用效果

现场压裂采用石英砂 + 树脂砂（尾追砂）的加砂程序，每条裂缝尾部追加 1.3m³ 树脂砂，使压裂裂缝内靠近井筒附近的支撑剂相互连接形成一体，防止其移动。同时严格控制替挤量（与油管容积等同），确保裂缝口附近的树脂砂能均匀充填。现场施工后关井 48h，待树脂砂充分固化后再开井生产。

统计在大庆油田现场应用的采用压裂解堵增注的 200 多口聚合物注入井注入效果，单井注入压力平均下降了 2.5MPa，日注入量平均增加了 24m³，平均有效期可达 10 个月以上，效果远好于常规石英砂压裂。

大庆油田是三元复合驱油技术的领先者，于 20 世纪 90 年代，即开展三元复合驱油技术先导性和扩大性矿场实验。在矿场试验中获得了比水驱提高采收率 20% 的良好效果。三元复合驱油技术的优点：首先，碱可以同原油中的酸性组分反应产生天然表面活性剂，起到降低油水界面张力的作用；其次，能够减少表面活性剂在岩层上的吸附能力，降低三元复合体系中表面活性剂的使用量，降低驱油成本。但是，随着三元复合驱油技术的不断推广应用，三元复合驱同时暴露出越来越严重的问题。这是因为三元复合体系中的碱会对岩层矿物产生溶蚀作用，严重打破了地下油水体系的原有平衡，导致储油层发生结垢堵塞，生产井结垢出现卡泵、堵塞等现象。

第二节　三元复合驱解堵增注技术

一、三元复合驱结垢样品特征分析

大庆油田的储油层是大型陆相湖盆的河流—三角洲沉积，其岩性为石英（SiO_2，无机矿物质，主要成分是二氧化硅，常含有少量杂质成分如 Al_2O_3、CaO、MgO 等）、长石（长石族岩石引的总称，它是一类含钙、钠和钾的铝硅酸盐类矿物，化学成分为 SiO_2、Al_2O_3、Fe_2O_3、K_2O 和 Na_2O）和碎屑组成。

研究大庆油田三元复合驱结垢样品的性能，主要借助有关岩矿方面的知识，只是这些沉淀物质可能没有经过漫长的压实以及胶结成岩作用而已。

1. 三元复合驱结垢样品总体特征

表 2-6 列出了部分样品中主要无机物组成的情况，由表可知，样品中主要无机物含量没有明显的规律可循。

表 2-6　部分样品无机物组成情况表

编号	样品信息	$CaCO_3$ 占样品总量的百分数，%	SiO_2 占样品总量的百分数，%	Al_2O_3 占样品总量的百分数，%	Fe_2O_3 占样品总量的百分数，%	无机物总含量，%
1	Gerandon NE-1	70.9	3.59	0.22	7.42	85.25
2	Gumry 9	71.05	13.21	0.11	1.92	90.33
3	B2-361-E62 泵筒 201111	3.39	7.27	1.18	35.86	48.88
4	B2-354-SE66 泵筒 201104	52.52	15.88	1.16	1.9	78.44
5	B2-354-SE66 抽油杆前 2020120521	52.58	9.32	0.5	2.6	71.78
6	B2-353-E62 泵筒 201110	51.57	11.73	0.94	1.22	66.7
7	353-E68 剖泵	40.51	22.85	2.42	21.58	90.93
8	354-E66 剖泵延长管柱塞	51.24	12.47	0.73	3	74.18
9	354-E66 剖泵泵筒延长管内壁	49.06	5.25	0.27	12.9	73.47
10	354-E66 剖泵柱塞	32.44	37.65	2.91	12.97	91.78
11	B2-352-E63 泵筒中上部油杆	46.38	6.99	0.71	0.37	61.41
12	B2-362-E63 泵筒尾管	63.7	6.61	0.81	0.72	75.72
13	B2-362-E63 泵筒油管	15.36	35.03	0.45	0.43	53.18
14	B2-362-E63 泵筒筛管	48.44	13.36	1.74	0.58	71.04
15	B2-362-E63 泵筒泵外部	63.81	8.45	0.98	0.47	77.71
16	B2-362-E63 泵筒油杆下到 15 根	60.76	5.84	0.58	0.35	73.79
17	362-E63 剖泵泵筒	60.49	12.68	0.81	15.62	91.89

表 2-7 是将样品中所有无机物含量视作 100% 后归一化的结果。由表可知，除了个别样品（3 号、5 号、9 号、12 号、15 号样品）之外，结垢样品以 $CaCO_3$ 沉淀为主，其含量最高的占总无机物沉淀的 84.13%（14 号样品），最少占 63.65%（6 号样品）。这说明弱碱 Na_2CO_3 的使用明显减少了三元复合体系碱性对地层的伤害，使结垢样品中难以清除的硅垢含量明显减少。

表 2-7　部分样品无机物组成归一化情况

编号	样品信息	$CaCO_3$ 占无机物总量的百分数，%	SiO_2 占无机物总量的百分数，%	Al_2O_3 占无机物总量的百分数，%	Fe_2O_3 占无机物总量的百分数，%	无机物总含量，%
1	Gerandon NE-1	83.17	4.21	0.26	8.70	100
2	Gumry 9	78.66	14.62	0.12	2.13	100
3	B2-361-E62 泵筒 201111	6.94	14.87	2.41	73.36	100
4	B2-354-SE66 泵筒 201104	66.96	20.24	1.48	2.42	100
5	4（1）	12.82	68.98	8.48	3.32	100
6	4（2）	63.65	22.95	2.26	2.21	100
7	B2-354-SE66 抽油杆前 2020120521	73.25	12.98	0.70	3.62	100
8	B2-353-E62 泵筒 201110	77.32	17.59	1.41	1.83	100
9	353-E68 剖泵	44.55	25.13	2.66	23.73	100
10	354-E66 剖泵延长管柱塞	69.08	16.81	0.98	4.04	100
11	354-E66 剖泵泵筒延长管内壁	66.78	7.15	0.37	17.56	100
12	354-E66 剖泵柱塞	35.35	41.02	3.17	14.13	100
13	B2-352-E63 泵筒中上部油杆	75.53	11.38	1.16	0.60	100
14	B2-362-E63 泵筒尾管	84.13	8.73	1.07	0.95	100
15	B2-362-E63 泵筒油管	28.88	65.87	0.85	0.81	100
16	B2-362-E63 泵筒筛管	68.19	18.81	2.45	0.82	100
17	B2-362-E63 泵筒泵外部	82.11	10.87	1.26	0.60	100
18	B2-362-E63 泵筒油杆下到 15 根	82.34	7.91	0.79	0.47	100
19	362-E63 剖泵泵筒	65.83	13.80	0.88	17.00	100

另外，复合驱样品中的硅垢均表现出良好的结晶状态，说明结垢样品在成垢过程中很少掺杂有无定形硅垢的生成过程，部分样品的 XRD 谱图如图 2-6 所示。

还有几个样品比较特殊，3 号样品含有 73.36% 的 Fe_2O_3，9 号、11 号、12 号和 19 号样品的 Fe_2O_3 含量也较高，估计是来自剖泵作业的污染或泵筒等位置的腐蚀；5 号和 15 号样品含有大量的硅垢。

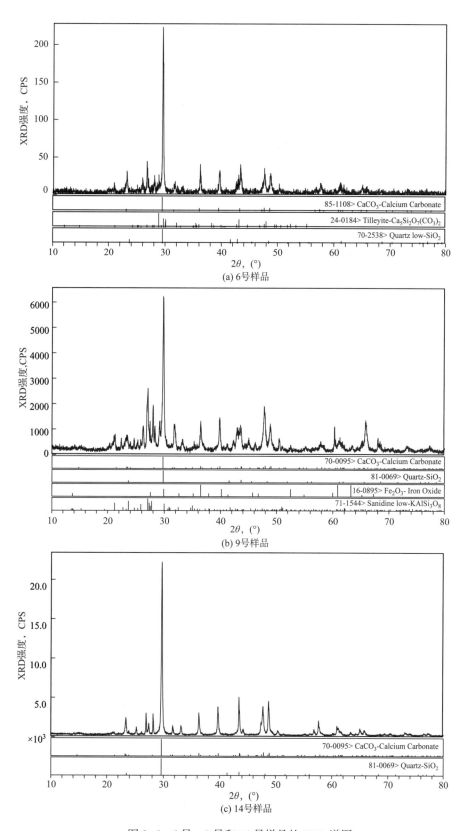

图 2-6　6 号、9 号和 14 号样品的 XRD 谱图

2. 结垢样品中碳酸盐垢的来源

根据大庆油田储油层沉积岩类型，判断沉淀样品中大量存在的方解石型碳酸盐沉淀并不能归属于原生的碳酸盐岩，而是后期采油环境变化导致的自生沉积碳酸盐。碳酸盐是由具体沉淀环境"自生"出来的，只对环境条件的变化反应敏感。结垢样品中容易产生沉淀的 Ca^{2+}、Ba^{2+} 和 Mg^{2+} 等离子主要来自以下三个方面：

矿区储油层的地层水；驱替用三元采出液用水；储油层岩石中含有的长石矿物会与 Na^+、K^+ 等发生交换而释放出 Ca^{2+}。

这些原因导致驱替过程中产生大量的 Ca^{2+}、Ba^{2+} 和 Mg^{2+} 等离子，在沉淀条件适合（与 CO_3^{2-} 一起达到过饱和度）的情况下即会生成大量的碳酸盐沉淀。

3. 结垢样品中硅垢的来源

大庆储油层岩石的主要成分是 SiO_2，有些 SiO_2 会以长石的形式存在。

图 2-7 为南 5 区和杏 6 区岩心 SEM 照片，由图可以看出，岩心表现出不规则的片状结构。

(a) 南5区岩心   (b) 杏6区岩心

图 2-7　南 5 区岩心和杏 6 区岩心 SEM 照片

图 2-8 为南 5 区和杏 6 区岩心的 XRD 谱图，表明此样品中 SiO_2 以晶态石英矿物形式存在，由于此样品来自地下岩心，因此是经过长期的地质作用而形成的地下石英矿物。另外，此样品中含有 Al 元素，表明 Al 会与 Si 共生，形成长石类（如钾长石和钠长石）矿物。图 2-8 表明，钾长石和钠长石会共生，即长石中 K^+、Na^+ 以及 Ca^{2+} 具有离子交换能力，这也是长石类矿物的特征（Ca^{2+} 被置换下来，成为结垢样品中碳酸钙的来源）。

另外，由图 2-8 还可以看出，岩心样品均表现出良好的 SiO_2 和长石矿物的结晶形态，这与大庆储油层岩心性质为石英和长石矿物为主是一致的。岩心的表征结果说明，大庆油田储油层的岩层组成主要是二氧化硅和长石类（钠长石和钾长石）类矿物，SiO_2 会以石英形式存在，表现出良好的结晶形态，这是漫长和激烈的地质作用的结果。

图 2-6 中的硅垢呈现出良好的结晶状态，会以结晶的 SiO_2 和硅铝酸盐的形式存在，表明其来自底层的岩层碎屑。对于结晶状态的 SiO_2 其形成需要高温高压或漫长的地质变迁过程等苛刻条件，在三次采油的条件下结晶的概率很小，因此推测结垢样品中结晶状态的 SiO_2 来自储油层的岩石碎屑。在三次采油过程中由于碱造成岩石溶蚀，这些碎屑作为

不稳定的成分从岩石中剥落和被运移，在其运移过程中也会不断地沉积，成为结垢样品中的一部分。

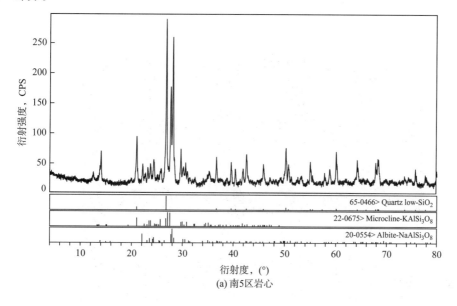

(a) 南5区岩心

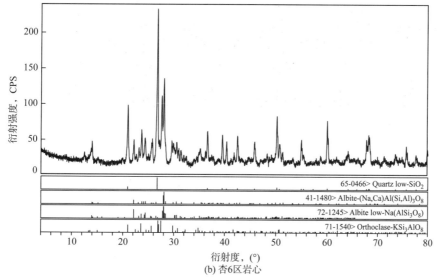

(b) 杏6区岩心

图 2-8　南 5 区岩心和杏 6 区岩心的 XRD 谱图

同时因为样品 XRD 谱图能够表现出 SiO_2 和长石类矿物的结晶衍射峰，说明部分硅垢来源于岩层碎屑。结垢样品中结晶状态的 SiO_2，即石英，以及长石类矿物来自储油层的岩石碎屑，属于原生矿物沉积，这类结垢样品很少，因此岩石碎屑并不是硅垢的主要来源。

二、长岩心堵塞形貌及结晶学表征

本书共选取 16 块天然岩心进行三元复合驱替前后的 CT 扫描以及数据重建工作，下面选择 X11 号岩心作为代表进行详细介绍。

首先通过 Matlab 软件对 CT 扫描得到的数据进行重建得到岩心样品不同切面的二维图

像，每个岩心样品选择其中具有代表性的图像示于图 2-9 中。由不同切面的二维图像可以看到，图像中颜色越深代表岩心的密度越低，越亮代表密度越高，因此岩心中的孔隙是图像中颜色最深的地方，也就是其密度最低。由此可以从肉眼大致观察到岩心样品中分布着众多的微小孔道，而且比较均匀。

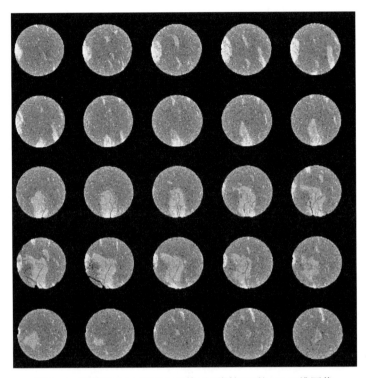

图 2-9　驱替前 X11 号岩心重构后不同切面的 CT 二维图像

　　岩心不同切面之间的图像差别较大，说明岩心不同截面上孔隙度分布不同；仔细观察某一切面的图像，可以看到位于切面中间的位置黑色区域的密度较大，而切面四周白色密度较大，说明切面上孔隙度分布不均匀。原因可能是在岩心加工过程中外力对岩心外围造成孔隙的损伤，密度变大，在 CT 扫描重构图像上表现出颜色变浅。

　　另外，可以明显看到此岩心样品有明显的损伤痕迹，因为其上有明显的裂纹。

　　图 2-10 是通过数学方法提取到的岩心孔分布的二维图像，其中黑色代表孔，可以看到岩心沿切面方向孔的分布不是很均匀，岩心切面中央孔分布密度均匀且孔的密度较大，而四周孔的密度较小；可以大致从感官上感知岩心上孔的大小分布和连接情况。对比不同的二维图像，可以看到沿着岩心轴向，其孔的分布是不尽相同的，差异很大。

　　图 2-11 是根据二维图像上灰度值的不同进行的颜色修饰处理，用以更明显地区别岩心上面密度的差别，这些处理方法不会改变岩心本质性质，只是通过特殊手段达到人感官上的更强烈的视觉冲击。图 2-11 由黑到白利用 13 种肉眼可以分辨的颜色对二维图像进行渲染，可以更直观地了解岩心上的密度差别。由于这是岩心中某一特定切面的密度分布，所以其具有特殊性，并不能代替整个岩心密度的差异。实际上，在此切面上可以看到，由于岩心的加工处理造成岩心整体孔隙的改变，岩心外侧周围密度较大，说明孔分布较少，这是外力导致的孔隙的破坏；而岩心中心位置受外力影响小基本保持了孔隙分布状态。这

种改变也可以通过图 2-10 表现出来，孔在岩心中心位置分布较广而且密度也大，四周则明显减少。

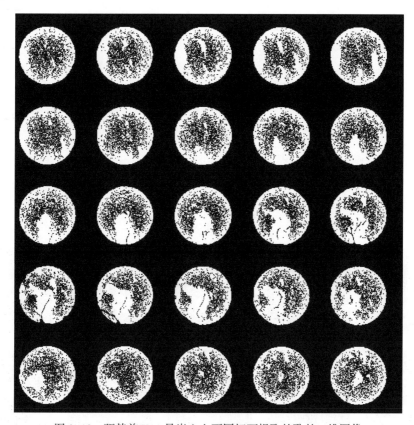

图 2-10　驱替前 X11 号岩心上不同切面提取的孔的二维图像

图 2-12 是岩心经过数学建模进行的三维重建图像，肉眼上很难从这里观察到孔道的分布情况。

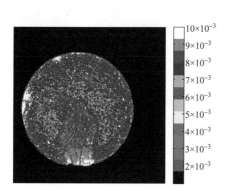

图 2-11　驱替前 X11 号岩心某一切面二维图像的颜色渲染　　图 2-12　驱替前 X11 号岩心三维重建图像

图 2-13 是对从岩心上提取到的孔进行三维重建得到的孔的三维图像，可以看到整个岩心上分布着均匀的孔隙结构，右边为孔的透视图，能够更清楚地观察整个岩心上孔的分布情况。

图 2-13　驱替前 X11 号岩心提取孔的三维重建图像

图 2-14 是通过数学手段在岩心中某一切面上去除不同截面积大小的孔后此切面上剩余孔分布的二维图像，图中从左到右、从上到下所去除孔的截面面积逐渐减小。从剩余孔分布图可以看到，随着剩余孔截面面积的增大，其孔分布的二维图像变化逐渐变小，说明岩心中此切面上的孔以大孔和小孔为主，而且大孔占优。

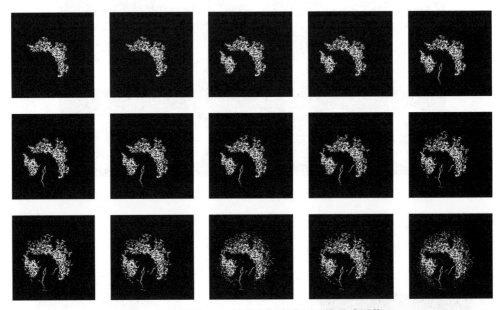

图 2-14　驱替前 X11 号岩心提取孔的二维重建图像

溶蚀脱落的长石矿物形成的细小硅铝酸盐矿物是堵塞岩心孔道的主要原因，这些硅铝酸盐矿物颗粒会随三元复合驱体系一起运移，同时受到三元复合驱体系的溶蚀必然会在形貌特征和结晶学特征中有所体现，下面就驱替前后这些堵塞物的总体特征做简要概述。

首先是形貌学特征，可以从 SEM 形貌分析和其 EDAX 能谱分析中看到这些硅铝酸盐的大致特征。这里选取具有代表性的岩心切片进行说明，如图 2-15 是 X11 号岩心切片驱替前和第一次驱替后样品的形貌及 Al 和 Si 元素的 mapping 图。

从左侧形貌图可以看出，X11 岩心切片样品中存在规整块状结构和细碎颗粒两种形貌特征。由图 2-15 可以知道，具有规整平面的块状结构在相应的 mapping 图中具有颜色明亮密度较大的 Si 元素分布，说明这种结构是岩心中结晶形态完好的 SiO_2；而表面呈现细碎颗粒的形貌特征则对应着 mapping 图中具有较高密度的 Al 元素分布，说明这种细碎的颗粒是岩心样品中容易受到三元复合体系溶蚀脱落的长石类硅铝酸盐矿物。

图 2-15　X11 号岩心切片驱替前和第一次驱替后形貌及元素 Al 和 Si 密度分布图

这种形貌特征和对应的元素 mapping 图在图 2-16 中表现得更加明显。因此可以说，岩心中呈现细碎颗粒状态的物质是容易受到三元复合驱体系溶蚀脱落的长石类硅铝酸盐矿物，这些细碎颗粒是造成岩心堵塞的主要物质。

图 2-16　X10 岩心切片驱替前和第一次驱替后形貌及元素 Al 和 Si 密度分布图

图 2-17 是 X11 号和 X10 号岩心切片的形貌特征和定点元素能谱分析，由图可以看出，具有平整光滑表面的块状结构形貌特征的物质只含有 Si 和 O 两种元素，说明这种形貌特征是岩心中结晶状态良好的 SiO_2；而堆积在块状结构组成的孔隙结构之间的细碎颗粒则含有大量的 Si、Al 和 O 等元素，说明这些细碎颗粒形貌特征的物质是长石类硅铝酸盐。这些细碎的长石矿物容易受到三元复合体系溶蚀脱落，随着三元复合体系运移，成为岩心孔隙堵塞的主要物质。另外，这些细碎颗粒中存在 NaCl 成分，这是岩心饱和吸附 NaCl 溶液造成的。

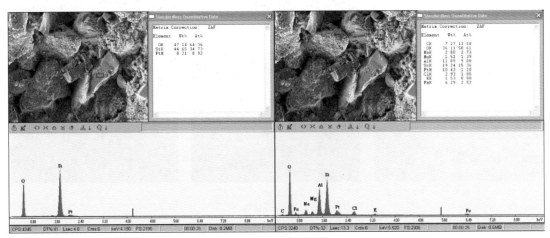

（a）X11号岩心切片

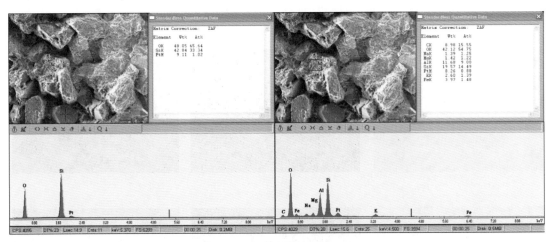

（b）X10号岩心切片

图 2-17　X11 岩心切片和 X10 号岩心切片第二次驱替后的形貌及定点元素分析

这些分布于岩心之中的细碎长石类矿物，在三元复合体系的溶蚀下会发生 K 和 Na 的置换，同时也会发生溶解导致其结晶形态的改变，从而引起其在结晶学特征上的改变，图 2-18 是 X10 号和 X11 号岩心切片驱替前后的 XRD 谱图。从图中可以看出，作为岩心主要成分的 SiO_2 在驱替前后均保持良好的结晶状态，其衍射特征均没有发生改变，说明其在驱替过程中很稳定。

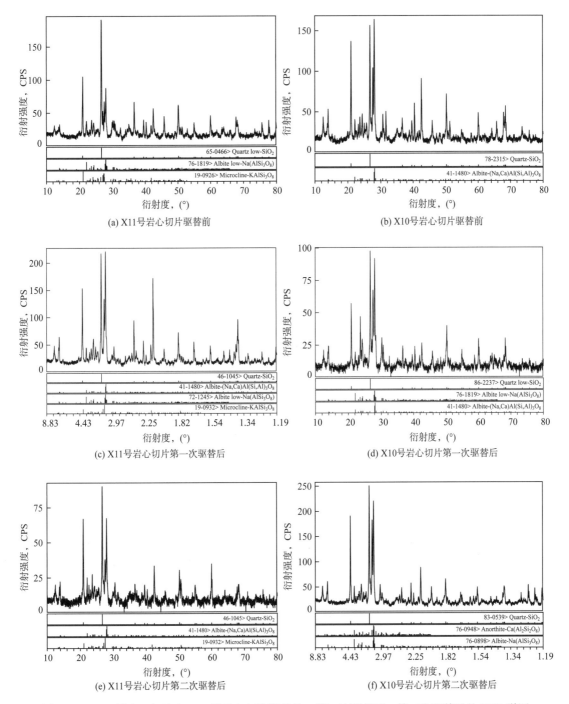

图 2-18　X11 号岩心切片和 X10 号岩心切片驱替前、第一次驱替后、第二次驱替后的 XRD 谱图

在 XRD 谱图中衍射特征发生明显改变的是硅铝酸盐，即岩心中的长石矿物，在驱替前后，归属于硅铝酸盐的特征衍射峰强度会发生明显的改变，这些特征衍射主要归属于硅铝酸钠、硅铝酸钾和硅铝酸钙等长石矿物。这些衍射特征说明，在三元复合体系的溶蚀作用下，岩心中的长石类矿物的确容易发生结晶形态的改变，也就是发生 K 和 Na 置换以及发生溶解造成主体结晶形态的改变。

以上 SEM 和 XRD 表征说明，岩心中的硅铝酸盐长石类矿物的确容易受到三元复合体系的溶蚀、脱落，形成细碎的岩层矿物颗粒；这些矿物颗粒会随三元复合体系一起运移，并容易沉积和堵塞岩心中的孔道结构，是造成岩心堵塞的主要原因。

三、岩心溶蚀—堵塞机理及不同阶段堵塞特征表征

岩心在三元复合体系驱替过程中容易受到三元复合体系的溶蚀，这种溶蚀作用本身就会使岩心中的孔隙度增加；而且这种溶蚀作用也会造成本不连通在一起的小孔相互连通，转变成截面积更大的大孔，这也是驱替后岩心大孔孔隙度增加的原因，同时也是驱替后岩心中小孔所形成孔隙度减小的原因。另外，岩心溶蚀剥落的颗粒以及三元复合体系中溶解不好的 HPAM 等物质均会堵塞岩心中的孔道，造成孔隙度减小。

溶蚀和堵塞的双重作用均会造成小孔减少，因此所有岩心在两次驱替后小孔所形成的孔隙度均减小；溶蚀和堵塞在不同岩心中的作用强度不同，导致驱替后岩心大孔所形成的孔隙度变化不一致，从而导致驱替前后孔隙度变化不均一。

三元复合体系的溶蚀作用和岩心堵塞作用在驱替过程中会同时存在，由于岩心本身性质的差异，这两种作用在不同岩心中所表现出的强度不同，导致驱替前后岩心孔隙度的轴向分布也会不同。所有 16 块岩心表现出如下四种不同的特征。

第一种是岩心在三元复合驱替过程中受到溶蚀孔隙度变大的趋势大于岩心堵塞，造成驱替后岩心总孔隙度增加。例如 X13 号岩心，图 2-19 为此岩心在两次驱替后堵塞面积的轴向分布曲线。由图可知，此类型岩心在三元复合驱替过程中由于受到溶蚀扩孔作用强烈，造成孔隙度沿轴向均大于驱替前，说明此岩心溶蚀作用强度远远大于岩心的堵塞。

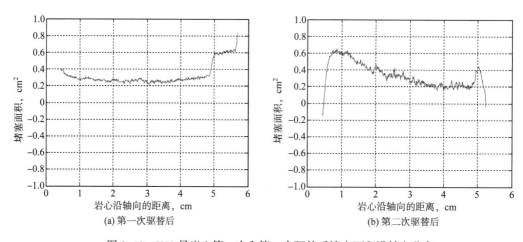

图 2-19　X13 号岩心第一次和第二次驱替后堵塞面积沿轴向分布

第二种是岩心在三元复合驱替过程中堵塞和溶蚀趋势均衡，造成驱替前后岩心总孔隙度沿岩心轴向变化较小，这种特征主要发生在 X4 号和 X20 号第一次驱替后的岩心中。例如 X4 号岩心，其堵塞面积曲线如图 2-20 所示。此岩心在驱替后，虽然岩心中小孔所占的孔隙度减小，大孔所占的孔隙度增大，但是驱替前后岩心总孔隙度轴向分布特征几乎相同，所以驱替后岩心堵塞面积轴向分布为位于 0 上下的直线，说明此岩心中堵塞造成的孔隙度减小和溶蚀产生的孔隙度变大二者强度均衡。

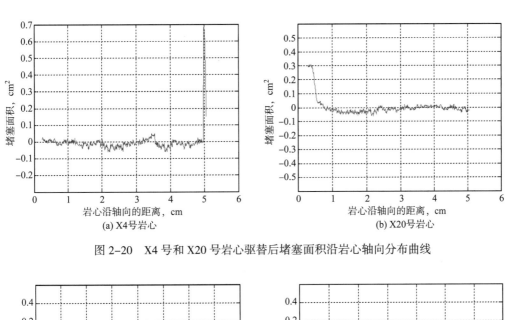

(a) X4号岩心　　　　　　　　　　(b) X20号岩心

图 2-20　X4 号和 X20 号岩心驱替后堵塞面积沿岩心轴向分布曲线

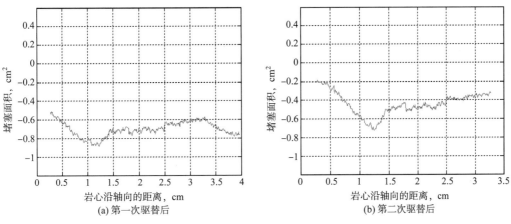

(a) 第一次驱替后　　　　　　　　　(b) 第二次驱替后

图 2-21　X5 号岩心第一次和第二次驱替后堵塞面积轴向分布

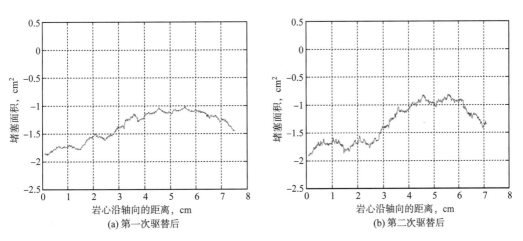

(a) 第一次驱替后　　　　　　　　　(b) 第二次驱替后

图 2-22　X19 号岩心第一次和第二次驱替后堵塞面积轴向分布

　　第三种是岩心在三元复合驱替过程中堵塞作用大于溶蚀作用，造成岩心轴向孔隙度均降低，即岩心产生堵塞。这种特征主要发生在两次驱替后的 X3 号、X5 号、X7 号、X8

号、X10 号、X15 号、X17 号、X19 号和 X34 号岩心中。这种特征表现明显的是 X5 号和 X19 号岩心两次驱替后，其中 X5 号和 X19 号岩心两次驱替后堵塞面积沿岩心轴向的分布曲线分别示于图 2-21 和图 2-22 中。在这些岩心中虽然存在溶蚀作用，表现为岩心中的大孔和小孔孔隙度的改变，但是堵塞强度更大，导致岩心总孔隙度沿岩心轴向均降低。

第四种是驱替过程中的堵塞作用和溶蚀作用在同一岩心中强度不同，造成岩心轴向孔隙度既有增加也有降低，即驱替后同一岩心沿轴向既有堵塞发生，也有溶蚀扩孔发生。这种特征主要发生在两次驱替后的 X11 号、X16 号、X18 号和 X33 号岩心以及第二次驱替后的 X4 号和 X20 号岩心中。例如 X18 号岩心，其堵塞面积曲线如图 2-23 所示。岩心沿轴向前端堵塞，后端溶蚀扩孔孔隙度增加，即沿轴向堵塞和溶蚀作用强度不均匀。

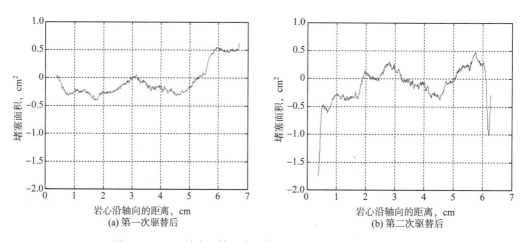

(a) 第一次驱替后　　　　　　　　　(b) 第二次驱替后

图 2-23　X18 号岩心第一次和第二次驱替后堵塞面积轴向分布

表 2-8 是所有岩心驱替前后渗透率的变化情况。

表 2-8　驱替前后岩心水测渗透率变化情况

岩心编号	渗透率，mD		
	驱替前	第一次驱替后	第二次驱替后
X13	407	131	162
X3	390	179	124
X4	392	227	106
X20	248	111	48
X10	311	208	63
X15	399	157	90
X11	299	170	82
X5	254	140	57
X7	237	122	34
X17	287	106	40

岩心编号	渗透率，mD		
	驱替前	第一次驱替后	第二次驱替后
X16	222	117	24
X18	206	63	14
X8	223	98	28
X33	190	69	18
X34	162	61	20
X19	134	37	14

从表 2-8 可以看出，除 X13 号岩心外，所有岩心在两次驱替后水测渗透率都依次降低，表明两次驱替均造成岩心渗透性的损伤，而且这种损伤越来越严重。从岩心轴向堵塞特征可以看出，除 X5 号岩心外，其他岩心第一次驱替后沿岩心轴向均有堵塞发生，而且在第二次驱替后这种堵塞变得更严重，所以两次驱替后岩心的渗透性变得越来越差。

X13 号在第二次驱替后其水测渗透率增加，虽然第二次驱替后堵塞比第一次驱替后严重，但是相对于驱替前其仍未发生堵塞，而且第二次驱替后其大孔的轴向孔隙度分布变得均匀，这是造成 X13 号岩心第二次驱替后渗透率变大的原因。

X5 号岩心则是因为第二次驱替后其大孔严重堵塞造成的第二次驱替后渗透率严重减小。

因此，岩心轴向堵塞面积曲线是岩心驱替前后渗透性的必要指标，同时岩心中大孔的轴向分布也是评价岩心驱替前后渗透性的必要条件。需要说明的是，沿岩心轴向，只要某一位置发生堵塞就会严重影响整块岩心的渗透性。因此，岩心的整体孔隙率并不能说明岩心的渗透性，也就是岩心中孔道的连通性，它只是岩心中孔隙多少的简单标量。因此，通过 CT 数据的重建，结合轴向大孔孔隙度分布、轴向堵塞面积分布和孔隙度随孔隙大小变化关系可以综合分析岩心渗透性变化的规律。

四、新型复合解堵剂配方及新型增注技术

由于三元复合驱注入物质具有特殊性（含有聚合物和强碱），研究了复合解堵剂及分流解堵工艺，解除注入井近井储层聚合物、垢等堵塞，恢复不同渗透率储层注入能力。

1. 复合解堵剂

室内完成了十几种解堵剂配方的筛选实验，优选出了效果较好的配方，实验结果见表 2-9。

表 2-9　复合解堵剂性能评价指标

性能指标	温度 ℃	2000mg/L 聚合物 3h 的降解率，%	溶蚀率 %	破碎率 %	表面张力 mN/m	腐蚀速率 g/（m²·h）
复合解堵剂	45	98.9	12.06	1.16	28.3	0.98

采用该配方对杏6区东部Ⅰ块注入井的堵塞物进行溶解，溶解率可达到98%，见表2-10。室内实验中该配方对堵塞物溶解起到了较好的效果，如图2-24所示。

表2-10 复合解堵剂溶解堵塞物实验结果

堵塞物样品	初始质量 g	与降解剂反应后		与复合酸反应后		总溶解率 %
		质量, g	溶解率, %	质量, g	溶解率, %	
X6-3-E39	6.062	0.226	96.3	0.043	81.0	99.3
X6-21-E33	6.928	0.322	95.4	0.080	75.2	98.8

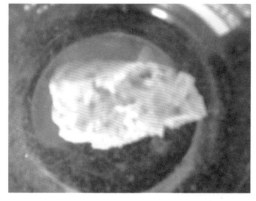 

图2-24 X6-21-E33井返排物室内溶解实验

2. 多段塞分流解堵工艺

为避免大量的解堵剂进入高渗透储层，保证解堵剂能均匀地进入不同渗透率的储层，既提高解堵现场试验效果，又不会对储层造成二次伤害，因此，研究了两种暂堵剂，性能指标见表2-11。

表2-11 暂堵剂性能指标

类型	外观	性能指标
降解剂用暂堵剂		常温下20%的溶液溶解时间在5h以上；45℃下可迅速溶解
复合酸用暂堵剂		密度为1.017g/cm³；浸泡5h颗粒开始松散，10h后全部分散

现场根据吸水剖面测试结果、解堵剂注入量及注入压力的变化，在注入一定体积药剂时，加入暂堵剂使药剂进行一次或数次转向，解堵施工结束后，该暂堵剂可自行溶解，不会对储层造成堵塞，实现了降解剂与缓速酸在注入过程中暂堵分流注入，确保各层段均匀解堵，暂堵分流注入工艺如图 2-25 所示。通过采取暂堵分流注入工艺，注入井的注入压力、排量随时间的变化曲线如图 2-26 所示。从图中可以明显地看出，在加入降解用暂堵剂、复合酸用暂堵剂后，注入压力都有明显的上升，这表明，降解剂、复合酸都进入暂堵剂未添加之前、渗透率较低的层段，达到了暂堵分流注入的目的，确保了各层段均匀解堵。

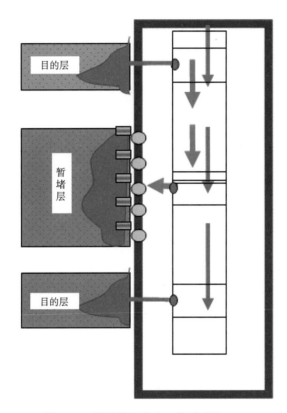

图 2-25　暂堵分流注入工艺示意图

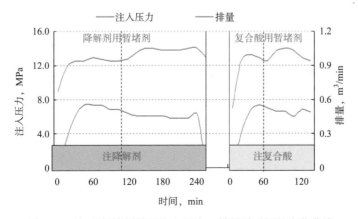

图 2-26　加入暂堵剂前后注入压力、排量随时间的变化曲线

五、现场应用情况

该技术适用于因堵塞导致注入困难或产液大幅下降的三元复合驱注入井,现场应用 138 口井,措施有效率为 85.4%,有效期达到 182d,累计增注 679727m³。

（1）北一断东按注采比 1.03、含水率 91.90% 折算,累计增油 20053t;

（2）北一断西按注采比 0.9、含水率 93% 折算,累计增油 29347t;

（3）杏 6 区东部 II 块按注采比 1.03、含水率 91% 折算,累计增油 4143t。

第三章 化学驱深度调剖工艺技术

第一节 聚合物驱深度调剖工艺技术

目前，大庆油田聚合物驱年均产油量连续14年超过千万吨，是油田持续稳产的重要支撑。但随着聚合物驱开发的逐步深入，部分井层内窜流严重，如北一断东西块采出聚合物质量浓度不小于900mg/L的井比例近30%，部分油井见聚合物早、采出聚合物浓度高，造成注入液利用率较低，无效循环严重，油井见效差异大，影响聚合物驱开发效果。深度调剖剂体系成本偏高，影响大规模推广应用。目前，高性能凝胶和颗粒类调剖剂成本偏高；低成本调剖剂均属物理堵塞，体系不具膨胀性能，也存在单井调剖剂用量大、现场配制及注入工艺较复杂等问题，室内及现场评价方法不完善。针对上述问题，经过多年研发，形成了适合聚合物驱的深度调剖技术。

一、形成了三种适合聚合物驱深度调剖剂体系，满足聚合物驱封堵需求

1. 原位絮凝型调剖剂

由高价金属离子和强极性单体组成，通过电荷中和及高分子作用与聚合物反应，桥连产生不同强度的絮状胶体，封堵高渗透层。

1）絮凝剂配方体系黏度

采用污水配制絮凝剂—聚合物溶液100mL，絮凝剂的有效质量浓度分别为0、300mg/L、600mg/L、800mg/L、1200mg/L、2000mg/L 和3000mg/L，聚合物的有效质量浓度分别为1000mg/L、1500mg/L 和2000mg/L。溶液配制完成后，采用TA流变仪平板以及布氏黏度计S61转子（转速为30r/min，有效量程为 2×10^2 mPa·s）和S64转子（转速为30r/min，有效量程为 1×10^4 mPa·s）进行黏度测定，实验数据见表3-1。

2）絮凝剂含量

配制絮凝剂—聚合物溶液150mL，加入的絮凝剂质量浓度分别为600mg/L、1200mg/L 和2000mg/L，聚合物的质量浓度分别为500mg/L、1000mg/L、1500mg/L 和2000mg/L。溶液配制完成后，采用离心分离机进行10min离心分离，转速为2500r/min，进行絮凝体积的测定；由于絮凝沉淀已离心压实，可将带刻度离心容器中的聚合物溶液倒出，以蒸馏水分散絮凝沉淀，并经由滤纸过滤去水后，置于45℃烘箱干燥，24h后称重（滤纸质量去皮），即得到絮凝质量。实验数据列于表3-2。

通过实验数据可知，随着聚合物浓度的增加，絮凝体积不断增加，随着聚合物浓度和絮凝剂浓度的增加，絮凝体质量增加，但变化规律不明显，推测可能受污水中杂质影响（需进行进一步实验验证）。絮凝率 = 絮凝质量 /（溶液中聚合物干粉质量 + 絮凝剂质量）。

表 3-1　絮凝剂—聚合物—污水体系不同配比下黏度测定数值

试样体系	聚合物，g/L	絮凝剂，g/L	布氏测定黏度，Pa·s
污水体系 100mL 试样	1000	0	36
		300	32
		600	36
		800	33
		1200	33
		2000	28
		3000	29
	1500	0	70
		300	68
		600	69
		800	59
		1200	60
		2000	52
		3000	51
	2000	0	111
		300	118
		600	113
		800	101
		1200	97
		2000	89
		3000	74

表 3-2　絮凝剂—聚合物—污水体系下絮凝体积和絮凝质量测定数值

编号	絮凝剂，mg/L	聚合物，mg/L	絮凝体积，mL	絮凝质量，g	絮凝率，%
1-1	600	500	4	0.06	36.4
1-2		1000	6	0.041	18.4
1-3		1500	6.2	0.0339	10.8
1-4		2000	7	0.0526	13.5
2-1	1200	500	5.9	0.1434	56.2
2-2		1000	6.1	0.1366	41.4
2-3		1500	7.2	0.1521	37.6
2-4		2000	7.3	0.1441	30.0
3-1	2000	500	9.9	0.1808	30.1
3-2		1000	12.5	0.2609	87.0
3-3		1500	14	0.2507	83.6
3-4		2000	15	0.2509	83.6

3）岩心物模驱替评价实验

选用 30.05cm×4.50cm×4.47cm 方岩心一根，水测渗透率为 2580mD，孔隙体积为 151mL。为了保证段塞式注入絮凝剂体系与聚合物接触更充分，絮凝剂浓度加大到 2000mg/L。每个段塞驱替 5min（约 0.07PV），采用间歇式段塞注入岩心驱替，驱替段塞如下：

（1）使用 2000mg/L 污水配制聚合物对饱和水岩心进行驱替，恒流 2mL/min；（2）使用 2000mg/L 污水配制絮凝剂对岩心进行驱替，恒流 2mL/min，驱替后静置 0.5h；（3）使用 2000mg/L 污水配制聚合物对岩心进行驱替，恒流 2mL/min，驱替后静置 0.5h；（4）使用 2000mg/L 污水配制絮凝剂对岩心进行驱替，恒流 2mL/min，驱替后静置 0.5h；（5）使用 2000mg/L 污水配制聚合物对岩心进行驱替，恒流 2mL/min，驱替后静置 0.5h；（6）使用 2000mg/L 污水配制絮凝剂对岩心进行驱替，恒流 2mL/min，驱替后静置 0.5h；（7）使用 2000mg/L 污水配制聚合物对岩心进行驱替，恒流 2mL/min，驱替后静置 0.5h；（8）来使用 2000mg/L 污水配制絮凝剂对岩心进行驱替，恒流 2mL/min，驱替后静置 0.5h；（9）使用 2000mg/L 污水配制聚合物对岩心进行驱替，恒流 2mL/min。

9 次驱替共计完成四个段塞（1–2–3、3–4–5、5–6–7 和 7–8–9），各次驱替压力随时间变化曲线如图 3–1 所示。

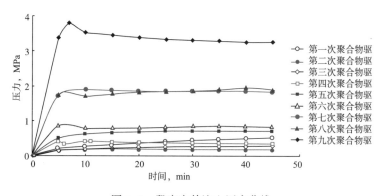

图 3–1　段塞交替注入压力曲线

如图 3–1 所示，第一段塞（1–2–3）中三次驱替的压力曲线间依然没有规律可循，推测为传质、接触和反应尚不充分；随着第二段塞（3–4–5）的注入，三次驱替的压力曲线呈现了逐次增加的趋势，推测絮凝剂与聚合物之间已经形成一定量絮凝，并随着絮凝形成，部分封堵了岩心孔喉，提升了驱替压力；第三段塞（5–6–7）继续注入，三次驱替的压力曲线间的这种增加趋势更为明显，推测此时随着岩心中形成的絮凝含量增加，封堵效果加强，驱替压力增加显著；第四段塞注入时，第七次聚合物驱和第八次絮凝剂驱的压力曲线出现了基本重合的现象，推测此时岩心中絮凝含量趋于稳定，驱替压力也趋于平稳；第九次聚合物驱的压力曲线明显高于前八次，一方面是由于絮凝含量的进一步增加，另一方面由于注入阻力的增大，絮凝体在岩心注入端面急剧增大，端面效应影响进一步增加，造成压力上升较快。

2. 水膨橡胶颗粒调剖剂体系

（1）水膨橡胶颗粒理化性能见表 3–3。

表 3-3 水膨橡胶颗粒理化性能

外观	药品外观为一定目数的颗粒状固体
密度	颗粒密度为 1.2~1.5g/cm³
固含量	固含量在 90% 以上
颗粒粒径	颗粒粒径筛余小于 30%，可满足不同的粒径需求
安全性能要求	无剧毒，不含易燃易爆危险成分
保质期	自然环境保存，保质期在 2 年以上

（2）水膨橡胶颗粒悬浮性好，现场可注入性能优良。

将质量浓度为 500~5000mg/L 的 60 目橡胶颗粒调剖剂体系分别加入 500mg/L 聚合物母液中搅拌成悬浮液，30min 内颗粒体系可均匀分散悬浮于聚合物溶液之中，具有较好的现场注入性。其在清水中的悬浮性数据见表 3-4。

表 3-4 水膨橡胶颗粒在清水中的悬浮性数据

颗粒质量浓度 mg/L	500	1000	2000	3000	4000	5000
沉降时间，min	1	2	3	9	16	21

（3）水膨橡胶颗粒调剖剂遇水可膨胀 3~10 倍，能够进入地层深部。

普通橡胶强度高，遇水不膨胀，无法进入地层深部；水膨橡胶遇水可膨胀 3~10 倍，膨胀后颗粒吸水具有较好的变形性，既保持普通橡胶颗粒强度高的特征，也更有利于进入到地层深部（图 3-2）。

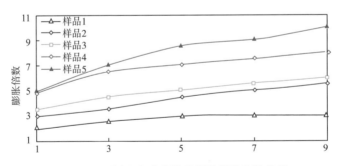

图 3-2 不同配方水膨橡胶颗粒膨胀倍数曲线

（4）水膨橡胶过孔强度高。

普通橡胶强度高，无法通过孔板剪切，现场注入无法进入地层深部。水膨橡胶遇水膨胀，膨胀后具有较好的变形性，可以变形或破碎形式通过孔板，同时也保留了橡胶强度好的特点，具有较高的过孔强度，不同颗粒过孔强度见表 3-5。

表 3-5 不同颗粒过孔强度性能

颗粒种类	膨胀倍数	过孔压力，MPa	颗粒种类	膨胀倍数	过孔压力，MPa
水膨橡胶	10	3.2	体膨颗粒	30	1.1
普通橡胶	—	无法通过	缓膨颗粒	22	2.8

（5）水膨橡胶岩心封堵性能评价。

室内用 $\phi 3.8cm \times 30cm$ 石英砂人造岩心模型，对水膨橡胶颗粒（粒径为80~100目）进行了岩心封堵评价，该颗粒突破压力大于10MPa，能满足封堵高渗透部位的需要（表3-6）。

表3-6　橡胶颗粒岩心实验数据

岩心号	岩心渗透率 mD	聚合物驱压力 MPa	注颗粒后突破压力 MPa	10PV 后稳定压力 MPa	残余阻力系数	封堵率 %	颗粒质量浓度 mg/L
1	692	0.43	11.51	5.28	12.3	91.9	3000
2	1900	0.26	10.82	4.14	15.9	93.7	3000

3. 多元络合铬凝胶调剖剂

交联剂体系采用有机酸通过形成配位共价键与高价金属离子络合，形成有机酸络合物，从而保护活性较高的高价金属离子，提供延缓交联络合体系（图3-3、图3-4）。通过优化反应物配比、体系 pH 值，优选复配剂等方法，控制二聚体、三聚体及线性三聚体的含量，通过活化剂的加入，进一步增加体系中活性较高的线性三聚体含量，达到提高交联剂反应活性的目的，增强与 HPAM 中的—COO^- 形成网络结构冻胶的强度；通过加入少量的络合铝盐，通过二次交联，抑制凝胶失水收缩，进一步提高凝胶体系的稳定性。

二聚体　　　　　　　线性三聚体　　　　　　　三聚体

图3-3　合成产物结构图

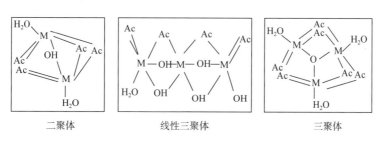

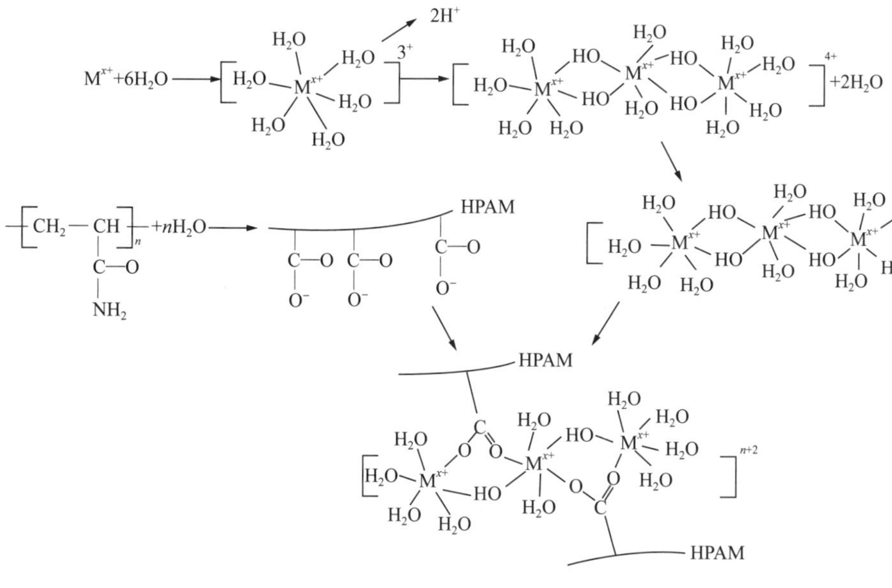

图3-4　交联反应原理图

（1）理化性能（表3-7）。

表3-7　多元络合凝胶理化性能

液体外观	药品原液为蓝绿色或墨绿色均匀液体，无分层、沉淀现象
pH 值	5.5~8.0（25℃）
三价铬离子含量	交联剂属有机铬交联体系，三价铬离子含量大于 2.5%
温度性能影响	药品原液在 -20~40℃条件下存放，体系使用性能不受影响
安全性能要求	交联剂及配套使用的增强剂无剧毒，不含易燃易爆危险成分
保质期	药品原液自然环境保存，保质期在 2 年以上

（2）多元交联剂适应聚合物成胶浓度范围宽、初始黏度低。

根据优选的交联剂体系配方，对调剖体系成胶性能进行了评价，结果表明：该交联剂在聚合物质量浓度为 1000~3500mg/L 时均可成胶，成胶黏度大于 5000mPa·s（表3-8）。

表3-8　交联剂性能评价实验结果

聚合物质量浓度，mg/L	聚交比	初始黏度，mPa·s	成胶黏度，mPa·s	pH 值	温度，℃
1000	（20~40）：1	34	5200	8~9	45
2000	（20~40）：1	56	11000		
3000	（20~40）：1	83	22400		
3500	（30~40）：1	98	26000		

（3）剪切对体系性能的影响。

考察机械剪切对体系性能的影响，从实验结果可看出，室内机械剪切对体系成胶黏度影响不大（表3-9）。

表3-9　剪切对体系性能的影响结果

编号	聚合物质量浓度 mg/L	剪切方式	聚交比	初始黏度 mPa·s	剪切后黏度 mPa·s	成胶黏度 mPa·s
1	1500	未剪切	30：1	122	未剪切	8900
2	1500	6000r/min 剪切	30：1	119	61	8100
3	2000	未剪切	30：1	149	未剪切	14000
4	2000	6000r/min 剪切	30：1	154	80	13800

（4）热稳定性良好。

将成胶后的样品在 45℃烘箱中放置，每隔一段时间测定体系的黏度变化情况，从实验结果可看出，该体系热稳定性较好，经过 4 个月放置，黏度变化不大，黏损率在 10% 以内（表3-10）。

表3-10　热稳定性评价结果

聚合物质量浓度 mg/L	聚交比	稳定剂 mg/L	成胶黏度 mPa·s	10d 黏度 mPa·s	30d 黏度 mPa·s	60d 黏度 mPa·s	90d 黏度 mPa·s	120d 黏度 mPa·s
1500	30：1	1000	8900	8850	8800	8600	8350	8200
2000	30：1	1000	14000	13900	13700	13400	13100	12800

（5）岩心封堵性强。

采用 30cm ×4.5cm×4.5cm 方岩心，配方：聚合物质量浓度为 1500mg/L、2000mg/L，聚交比为 30：1。把样品通过岩心驱替 1PV，10 天后对岩心进行驱替，评价突破压力及耐冲刷性，实验结果表明突破压力大于 3MPa，封堵率达到 99% 以上，实验过程中后续水驱 4PV 时的压力比突破压力高，说明岩心突破后可再次封堵（表 3-11）。

表 3-11 岩心实验结果

岩心编号	聚合物质量浓度 mg/L	聚交比	岩心渗透率 mD	突破压力 MPa	4PV 压力 MPa	残余阻力系数	封堵率 %
1	1500	30：1	903	3.8	11.7	130	99.7
2	1500	30：1	1233	3.5	7.6	95	99.8
3	2000	30：1	897	3.1	14.5	131	99.7

二、完善深度调剖剂评价方法研究

1. 开展了凝胶调剖剂黏弹性评价实验研究

各大油田广泛应用冻胶型、凝胶型、树脂型、沉淀型等凝胶类调剖剂，针对大庆油田广泛应用的凝胶型调剖剂，现行评价方法主要参照 SY/T 5590—2004《调剖剂性能评价方法》。凝胶强度是评价调剖剂的重要指标，成胶黏度作为评价凝胶型调剖剂强度的常用参数，测定应用的仪器为布氏黏度计和流变仪。

1）改进布氏黏度计凝胶型调剖剂测定方法

普通测定方法针对强凝胶黏度大于 10000mPa·s 时，一般选用 S64 型转子，由于凝胶的体型结构，冻状越明显，越易滑膜，缠绕越明显，易爬杆。一般 2min 内进行读数，时间越长，爬杆、滑膜越明显，选取数值时也是人为选择，重复性差，容易造成测量结果失真。凝胶体系不同布式黏度计测定数据见表 3-12。

改进方法：利用布氏黏度计自带的时间控制功能，通过控制凝胶缠绕转子的时间和转子剪切凝胶的速率，可有效降低爬杆和滑膜现象造成的影响。

限定转动时间可在爬杆发生前及时停止；固定 30r/min 转速，可避免转子在凝胶内剪切形成空洞，一定数值下空转滑膜。

表 3-12 凝胶体系不同布式黏度计测定数据

体系	聚合物质量浓度 mg/L	黏度，mPa·s					转子型号	转速 r/min	TA
		10s	15s	20s	30s	60s			
铬交联体系	500	299.9	319.0	299.0	299.9	319.9	S64	60	287.8
		199.9	249.9	288.6	288.9	299.9		30	
		599.9	599.9	599.9	599.9	599.9		12	

对凝胶样品进行不同时间点的成胶黏度测定（图 3-5），可见改进后的评价方法相对于原测定方法，数据曲线平滑连续、波动幅度小、稳定性更好，用于进行现场调剖工作检验，可提高数据统一性和准确度。

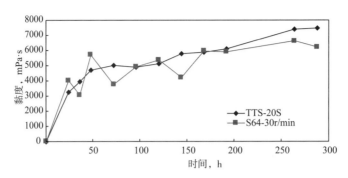

图 3-5　不同测试方法数据稳定性对比图

2）流变仪凝胶黏弹性评价方法研究

（1）凝胶弹性模量与损耗模量参数评价。

黏弹性主要用弹性储能模量 G' 和黏性损耗模量 G'' 这两个参数来表征。G' 表征了在小振幅振荡中储存在分子结构中并能释放出来的能量；G'' 表征了在振荡动作中转化为热而损耗的能量。

用黏弹性参数描述凝胶强弱时，通常按照 G' 值的大小将凝胶体系做如下划分（表 3-13）。

表 3-13　不同范围下储能模量的表征状态

序号	G' 值范围	表征状态
1	$G' \leqslant 0.1\text{Pa}$	溶液
2	$0.1\text{Pa} < G' \leqslant 1.0\text{Pa}$	弱凝胶
3	$1.0\text{Pa} < G' \leqslant 10\text{Pa}$	中强凝胶
4	$G' > 10\text{Pa}$	强凝胶

凝胶的模量能较好反映凝胶的黏弹特性，可以通过控制应力流变仪（CS）和控制应变流变仪（CR）进行测量（图 3-6）。

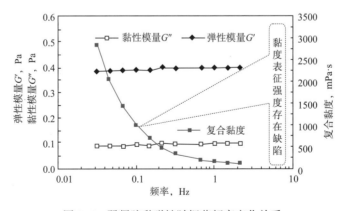

图 3-6　弱凝胶黏弹性随振荡频率变化关系

（2）蠕变恢复参数。

通过整个实验应变的变化情况可全面了解调剖剂的弹性，蠕变阶段观察应变随时间的变化，恢复阶段观察应变的恢复情况（图 3-7）。

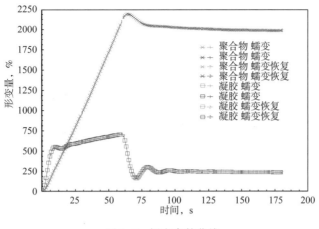

图 3-7　蠕变参数曲线

蠕变恢复实验蠕变应力聚合物为 0.5Pa，凝胶为 2Pa，蠕变时间为 60s，恢复时间为 120s。蠕变阶段聚合物应变随时间呈直线变化，凝胶 8s 后应变随时间变化明显变缓，说明凝胶弹性强。聚合物蠕变后恢复仅为 7%，凝胶恢复达 50% 以上，与聚合物溶液相比凝胶具有更好的弹性恢复能力。

（3）应力松弛曲线参数。

施加恒定的应变观察模量随时间的变化情况，模量下降越快，下降量越大，抗拉伸性能越差（图 3-8）。

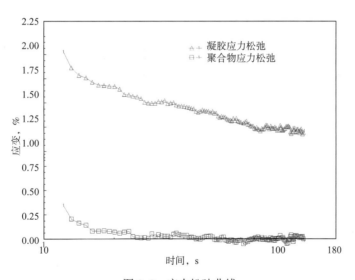

图 3-8　应力松弛曲线

施加应力产生 20% 的形变，松弛时间 120s，图中可以看到凝胶具有较高的模量。开始阶段凝胶与聚合物相比下降速度慢，整个松弛时间内凝胶模量仅下降 50%，聚合物溶液下降达 80%，可知凝胶具有更好的抗拉伸性能。

2. 凝胶调剖剂在长岩心中成胶机理评价方法

应用填砂压实装置和凝胶注入模拟装置进行长岩心物理模拟，创新性地完成了高渗透通道内凝胶运移封堵特征的分析表征，并可模拟凝胶在岩心中动态成胶过程。

岩心驱替流程及长岩心驱替装置（ϕ=3.8cm，L=1020cm）如图 3-9 和图 3-10 所示。实验温度为 45℃（参照老区地层温度）。

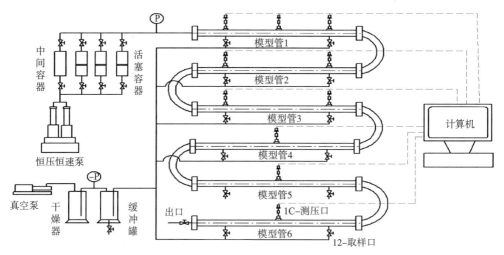

图 3-9　岩心驱替流程简图

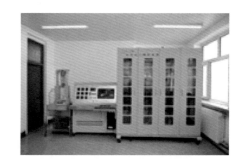

（a）填砂压实装置　　　　　　　　　　（b）凝胶注入模拟装置

图 3-10　岩心砸制及模型图

通过长岩心注入过程，评价聚合物和凝胶在长岩心驱替过程中的性能及长岩心中凝胶存在状态及形貌特征。

1）剪切、稀释吸附作用对冻胶动态成胶性能影响评价研究

（1）聚合物长距离剪切、稀释动态吸附性能评价方法研究。

冻胶调剖剂配方应用的聚合物为聚丙烯酰胺，针对聚合物长距离运移过程中剪切、稀释动态吸附无法评价的问题，首次应用聚合物浓度浊度测定法和分子量特性黏度测定法对长岩心不同距离采出样聚合物浓度和分子量进行测定分析，确定了冻胶调剖剂聚合物剪切、稀释动态吸附作用对动态成胶性能的影响[25-28]。

通过长岩心聚合物注入实验，聚合物质量浓度为 2000mg/L，平均分子量为 2059 万，驱替速度为 4mL/min，注入量为 1PV，记录驱替过程中浓度随注入量的变化，驱替过程中出口设置 0.21MPa 的回压。

从聚合物驱质量浓度数据（表 3-14）可以看到，注入端驱替质量浓度为 2000mg/L 情

况下，第 1 取样点（48cm）见聚合物质量浓度为 694mg/L，最后一个取样点（1020cm）见聚合物质量浓度为 349mg/L，驱替前缘吸附比较严重。当聚合物通过驱替前缘后，第 1 取样点（48cm）41min 取样测试质量浓度为 694mg/L，83min 取样测试质量浓度为 1848mg/L，第 7 取样点（930cm）804min 取样测试质量浓度为 365mg/L，882min 取样测试质量浓度为 1587mg/L，吸附平衡速度较快。实验数据分析表明，岩心对聚合物有较强的吸附性，并且吸附很快达到平衡。

表 3-14 聚合物驱质量浓度数据

取样时间，min	取样点	距入口距离，cm	质量浓度，mg/L
41	1	48	694
83	1	48	1848
	2	96	656
182	1	48	1858
	2	96	1796
	3	210	623
337	1	48	1923
	2	96	1860
	3	210	1734
	4	390	594
545	1	48	1946
	2	96	1899
	3	210	1849
	4	390	1720
	5	630	511
700	1	48	1944
	2	96	1929
	3	210	1908
	4	390	1899
	5	630	1692
	6	810	427
804	1	48	1958
	2	96	1942
	3	210	1922
	4	390	1915
	5	630	1863
	6	810	1675
	7	930	365

续表

取样时间, min	取样点	距入口距离, cm	质量浓度, mg/L
	1	48	1968
	2	96	1961
	3	210	1936
882	4	390	1929
	5	630	1886
	6	810	1848
	7	930	1587
	8	1020	

由表 3-15 可以看出，驱替用聚合物平均分子量为 2059×10^4，驱替 4PV 后对各采样点的聚合物分子量进行测试，观察剪切作用对聚合物分子量的影响程度，对各测压点的压力进行测试，观察驱替稳定后各测压点压力的大小，驱替速度为 4mL/min。

表 3-15　聚合物驱分子量数据

取样点	取样点位置, cm	分子量
1	0	2059×10^4
2	48	2041×10^4
3	96	2024×10^4
4	210	1982×10^4
5	390	1916×10^4
6	630	1829×10^4
7	810	1763×10^4
8	930	1720×10^4

从表 3-15 可以看到，注入聚合物分子量为 2059×10^4，经过 10m 岩心剪切后分子量变为 1720×10^4，分子量损失 339×10^4。实验证明，岩心剪切作用对聚合物分子量影响较大。

（2）铬交联剂长距离动态吸附性能评价方法研究。

冻胶调剖剂配方应用的交联剂为有机铬体系，针对交联态冻胶体系中铬含量无法进行测试等问题，建立了冻胶态铬高精度无沉淀氧化消解酸溶测定方法，对长岩心不同距离的冻胶取样进行了电感耦合等离子体发射光谱仪（ICP-OES）铬元素含量测定分析，确定了冻胶调剖剂有机铬交联剂吸附作用对动态成胶性能的影响[29-30]。

表 3-16 为长岩心冻胶驱替不同时间和不同取样点位置流出驱替液的 Cr^{3+} 含量结果，表 3-17 为取样点编号及距入口的距离。测试结果表明，随着取样点距入口距离的增加，流出驱替液中 Cr^{3+} 含量逐渐降低，说明岩心对 Cr^{3+} 产生吸附。另外，相对于交联静态样品 22 号、23 号和 40 号（Cr^{3+} 含量分别为 77.08μg/g、97.28μg/g 和 99.01μg/g），各取样点样品 Cr^{3+} 含量均远低于此值，说明岩心对 Cr^{3+} 的吸附严重。2 号、3 号、5 号、8

号和12号样品均为2号取样点分别在驱替0.1PV、0.2 PV、0.3PV、0.4PV和0.5PV后的 Cr^{3+} 含量，依次为13.17μg/g、59.02μg/g、64.32μg/g、71.40μg/g和71.06μg/g，说明岩心对 Cr^{3+} 的吸附平衡建立得很快，前期吸附较快。从35号到39号样品可以看出，这5个样品的 Cr^{3+} 含量基本保持在2.60μg/g左右，表明在水驱条件下岩心中吸附的 Cr^{3+} 会缓慢少量地脱附下来，随驱替液流出；另外，这也可以说明，岩心孔隙中的聚合物形成Cr冻胶后会机械滞留在岩心孔隙中，不容易随驱替液运移出来。

表3-16 冻胶体系 Cr^{3+} 含量

编号	1号	2号	3号	4号	5号	6号	7号	8号	9号	10号
取样情况	9.23/1点，0.1PV	9.23/2点，0.1PV	9.24/2点，0.2PV	9.24/3点，0.2PV	9.24/2点，0.3PV	9.24/3点，0.3PV	9.24/4点，0.3PV	9.25/2点，0.4PV	9.25/3点，0.4PV	9.25/4点，0.4PV
Cr^{3+} 含量，μg/g	55.76	13.17	59.02	36.75	64.32	39.66	14.82	71.4	44.08	21.29
编号	11号	12号	13号	14号	15号	16号	17号	18号	19号	20号
取样情况	9.25/5点，0.4PV	9.26/2点，0.5PV	9.26/3点，0.5PV	9.26/4点，0.5PV	9.26/5点，0.5PV	9.26/6点，0.5PV	7.27/2点，0.1PV	7.27/3点，0.1PV	7.27/4点，0.1PV	7.27/5点，0.1PV
Cr^{3+} 含量，μg/g	15.25	71.06	42.39	26.08	12.41	9.977	19.17	47.45	25.81	12.6
编号	21号	22号	23号	24号	25号	26号	27号	28号	29号	30号
取样情况	7.27/6点，0.1PV	7.26交联静态	7.27交联静态	9.27/1点，0.1PV	9.27/7点，0.1PV	9.27/出口	7.28/1点，0.2PV	7.28/2点，0.2PV	7.28/3点，0.2PV	7.29/1点，0.3PV
Cr^{3+} 含量，μg/g	0.659	77.08	97.28	21.65	0.701	67.53	49.55	18.09	5.054	18.23
编号	31号	32号	33号	34号	35号	36号	37号	38号	39号	40号
取样情况	7.29/2点，0.3PV	7.29/3点，0.3PV	7.29/4点，0.3PV	原样静态	8.19水驱出水	8.20水驱出水	8.21水驱出水	8.22水驱出水	8.23水驱出水	7.27交联静态
Cr^{3+} 含量，μg/g	15.15	9.686	0.229	27.19	2.594	2.678	2.659	2.619	2.619	99.01

表3-17 取样点编号及距入口距离

取样点	原样	1点	2点	3点	4点	5点	6点	7点	8点
位置，cm	0	48	96	210	390	630	810	930	1020

2）冻胶微观成胶性能和宏观动态封堵性能综合评价方法研究

针对冻胶岩心中成胶状态无法可视化观察的问题，首次采用扫描电镜对冻胶调剖剂在岩心中成胶状态进行观察，结合测压点压力变化，建立压力多布点监控和岩心取样电镜微观成胶形态观察联合评价法，首次观测到冻胶调剖剂在岩心中动态成胶现象，证明了研发的冻胶体系能够在地层深部动态成胶，为冻胶调剖剂规模化应用提供了理论支撑[31-32]。

（1）冻胶连续动态驱替条件下，岩心沿程各点压力逐步升高，距入口6.3m处压力1.02MPa，8.6m处压力由零升至0.1MPa（图3-11）。

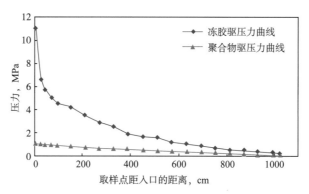

图 3-11　冻胶及聚合物长岩心驱替压力曲线

（2）扫描电镜分析数据证明岩心孔隙中存在冻胶成胶结构（图 3-12）。聚合物在岩心孔隙中呈单丝状，铬冻胶呈致密的网膜状。岩心取样结果表明，岩心 8.6m 内冻胶具有网膜状成胶特征，网膜致密性随驱替距离增加而减弱，与注入压力变化趋势一致。

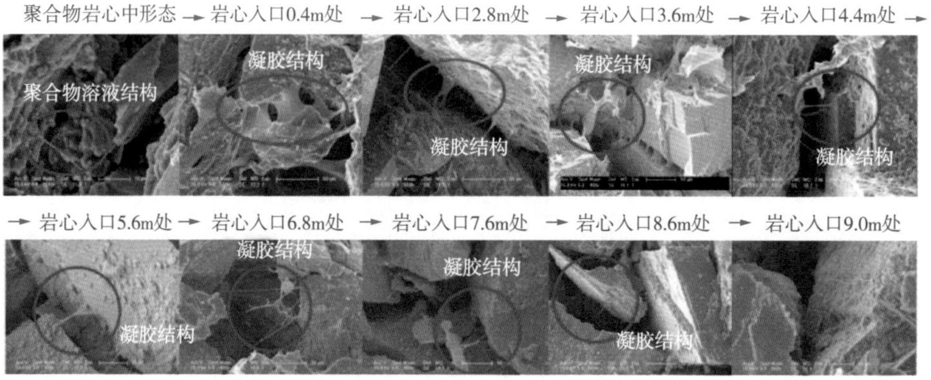

图 3-12　聚合物及冻胶在岩心中电镜扫描照片

三、现场应用情况

该项目在大庆油田第一采油厂、第二采油厂和第四采油厂现场应用 35 口井，现场实验单井综合成本由 55 万元降到了 35 万元。连通的 101 口油井按递减计算累计增油 50686.03t。

聚合物驱 X6-30-P913 井组调剖方案优化及实施效果如下：该井组注入压力低于全区 2.7MPa，调剖层段平均渗透率为 0.553mD。采用"颗粒 + 凝胶"段塞组合方式，优化调剖半径为 50m。调剖措施后施工过程注入压力升幅平稳、可控（图 3-13）；措施后初期含水率与数值模拟预测结果吻合（图 3-14）。

图 3-13　井组现场实验压力曲线

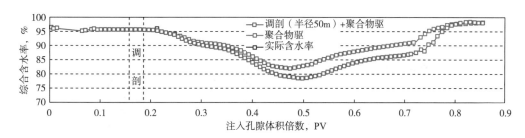

图 3-14　井组实际生产含水率与数值模拟预测结果对比曲线

第二节　三元复合驱调剖工艺技术

目前，三元复合驱油技术已进入工业化推广阶段，自 2014 年起，三元复合驱上产已达到 200×10^4t 以上，在三次采油过程中起到了重要的产量接替作用。随着三元复合驱的深入开发，三元复合驱面临以下问题：一是由于地层的非均质性以及注入的三元复合体系流体与地层原油流度的差异性，三元复合驱驱替过程中，化学剂窜流严重影响三元复合驱的开发效果；二是由于三元复合驱 pH 值高、表面活性剂含量高的特点，对调剖体系的性能要求较高，而水驱和聚合物驱常规调剖剂不适应三元复合驱的调堵要求。

一、三元复合驱调剖剂

作为调剖主体的调剖剂，首先强度要高，能够对高渗透带进行有效封堵；其次在三元复合体系环境下，稳定性要好，使调剖段塞能够长期有效。

常规的水驱、聚合物驱颗粒调剖剂在碱性环境下强度低（图 3-15），凝胶体系在三元复合体系环境下不成胶（图 3-16），主要是由于三元复合驱替液中碱和表面活性剂的存在，碱的存在加快了颗粒调剖剂合成组分中丙烯酸钠及丙烯酰胺交联产物的水解速度，增加了官能团的亲水性，使得调剖剂膨胀快，强度低；对于凝胶调剖剂，碱的存在易破坏聚合物的分子链，降低聚合物与交联剂之间的络合概率，同时高浓度碱容易降低金属交联剂的反应活性，而表面活性剂中的烷基苯磺酸官能团易与树脂体系中的交联剂反应，从而使交联剂丧失活性。

通过多年研究，形成了系列的耐碱调剖剂，能够适应 pH 值为 7~14 的强碱环境。

图 3-15　三元复合体系环境下普通颗粒溶胀图片

图 3-16 三元复合体系环境下凝胶调剖剂成胶对比图片

1. 耐碱颗粒调剖剂

耐碱颗粒调剖剂为粒径可调的抗碱聚合物类颗粒调剖剂，其合成方式是在原有聚合物合成方式的基础之上降低了丙烯酰胺的用量，增加了不可水解单体、疏水单体和 2-丙烯酰胺-2-甲基丙烷磺酸盐（AMPS）的用量，通过对丙烯酰胺的接枝聚合改性，使颗粒具有更强抗碱性能。颗粒调剖剂在碱水中可缓慢溶胀（分散介质水进入颗粒内部后使其溶胀，溶胀后的颗粒具有一定韧性），具有良好的注入性和变形性[33]（图 3-17、图 3-18）。

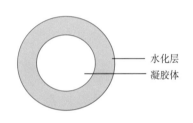

水化层
凝胶体

图 3-17 耐碱颗粒调剖剂溶胀结构示意图　　图 3-18 耐碱颗粒调剖剂三元复合体系条件下溶胀图片

（1）耐碱颗粒调剖剂物理化学性能。

用清水配制不同粒径耐碱颗粒调剖剂，熟化 3~4h 后，放置在 45℃烘箱中，采用激光粒度分析仪测定粒径中值。实验结果（表 3-18）表明，耐碱颗粒调剖剂的粒径随着水化时间的延长，粒径略有增大。这是由于随着水化时间的延长，分散介质水进入微球内部使其膨胀，粒径增大，溶胀 5h 后颗粒的粒径变化不大（180~450μm），膨胀 10~30 倍[34]。

表 3-18 耐碱颗粒调剖剂性能

项目	固体含量 %	无机物含量 %	粒径符合率 %	杂质含量 %	膨胀倍数	膨胀粒径中值 μm
耐碱颗粒实验性能	90.6	8.2	85.61	0.036	20.7	180~450
性能指标	≥ 90	≤ 30	≥ 80	≤ 0.05	≥ 15	

（2）耐碱颗粒调剖剂与三元复合体系的配伍性。

将耐碱颗粒调剖剂浸泡在强碱三元复合体系注入液中，溶胀达到平衡后进行膨胀性能、强度及弹性等相关参数的评价，同时比较三元复合体系浸泡前后的变化，通过检测评价颗粒调剖剂的膨胀倍数、膨胀时间、抗压强度、弹性等特性参数以及三元复合体系的界面张力及黏度参数，可对颗粒性能进行定量描述，为三元复合驱颗粒调剖剂的现场应用提供依据。

①膨胀倍数。

膨胀倍数是影响颗粒封堵效果的一项重要指标，颗粒在强度满足要求的条件下，追求吸水能力的最大化是研究膨胀倍数的目标。颗粒吸水能力采用单位质量颗粒的吸水量作为标准，在三元复合体系条件下，可以用充分吸水膨胀后的质量与干颗粒质量比表示。

②膨胀时间。

凝胶颗粒完全膨胀需要相当长的时间，因此在应用中必须控制膨胀速度或膨胀时间，以满足注入工艺要求。对于给定的颗粒及配制用水，在注入温度条件下，室内预先测试出膨胀时间与膨胀倍数曲线，便于现场应用过程中控制工艺条件。现场应用时，建议近井调堵选择膨胀速度快的颗粒，颗粒完全膨胀之前尽快挤入地层有利于膨胀后的封堵。深部调驱选择膨胀速度慢的颗粒，在大孔道、高渗透层中运移的过程中逐渐膨胀，实现深部调剖。

③颗粒强度。

大量的实验研究及应用中，发现凝胶颗粒通过多孔介质时，其通过能力与颗粒强度、粒径、粒度、驱替压力、岩心渗透率等有关，在多孔介质中常以顺利通过、变形通过、缩水通过、破碎通过这四种方式运移。

颗粒强度一般采用抗压强度来表征：抗压强度是衡量预交联体膨颗粒抗剪切、破碎能力的一项指标。抗压强度大的颗粒，在地层中可以保持较大的粒径，有利于堵塞大孔道。抗压强度的测定一般采用孔板压力法。在一定速度下，将膨胀后的颗粒通过一定直径的孔板，测定样品突破孔板时的压力。根据实验室内评价结果（图3-19），结合现场应用效果，确定预交联体膨颗粒调剖剂的抗压强度大于1.0MPa比较合适。

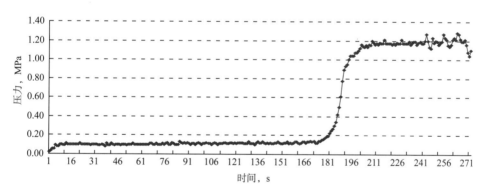

图3-19 耐碱颗粒调剖剂过孔压力变化曲线

④颗粒的弹性。

颗粒的弹性是衡量颗粒变形能力的一项重要指标，变形能力好的颗粒在运移过程中封堵能力较强。

这里引进回弹量的概念以对颗粒的弹性指标进行定量描述（图3-20）。将达到溶胀平衡的样品放置在弹性模量测定仪中，记录平衡时的初始高度；外加一定的力，压缩样品，记录颗粒下压高度；撤去外加力，记录颗粒自然恢复高度；恢复的高度差与下压的高度差比值即为颗粒的回弹量。

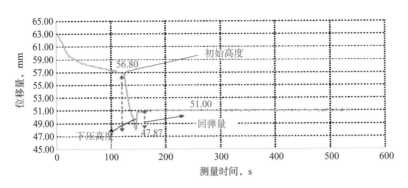

图 3-20　耐碱颗粒调剖剂弹性测量示意曲线

⑤三元复合体系的性能变化。

耐碱颗粒调剖剂的应用先决条件是不能改变三元复合体系的基本属性，不能影响后续三元复合体系流体的驱替效率。因此，筛选适用于三元复合驱的调剖剂，需要评价三元复合体系与添加了调剖剂的三元复合体系的界面张力及黏度[34]（表 3-19、表 3-20）。

表 3-19　三元复合体系和添加调剖剂的三元复合体系黏度、界面张力对比

时间，d	5	10	20	30
三元复合体系黏度，mPa·s	45.19	42.44	38.96	35.41
添加调剖剂的三元复合体系黏度，mPa·s	39.25	38.32	35.65	32.54
三元复合体系界面张力，mN/m	5.4	5.5	5.7	5.7
添加调剖剂的三元复合体系界面张力，mN/m	4.1	5.5	5.6	5.5

室内实验结果表明：耐碱颗粒调剖剂在三元复合体系中膨胀性较好，膨胀倍数可达 20 倍左右，并且膨胀后仍具有较好抗压强度和弹性，过孔强度可达 1.2MPa 左右，回弹量在 20% 以上。同时经过颗粒浸泡后的三元复合体系与空白三元复合体系相比，体系性质没有太大变化，30d 界面张力保持超低。

表 3-20　三元复合体系下不同时间耐碱颗粒调剖剂的性能

5d 性能指标			10d 性能指标			20d 性能指标			30d 性能指标		
膨胀倍数	过孔强度 MPa	回弹量 %	膨胀倍数	过孔强度 MPa	回弹量 %	膨胀倍数	过孔强度 MPa	回弹量 %	膨胀倍数	过孔强度 MPa	回弹量 %
16.2	1.50	35	20.8	1.40	28	22.5	1.35	25	23.4	1.25	21

⑥耐碱颗粒调剖剂的封堵性能[35]。

调剖剂对多孔介质的封堵性能常用封堵率来评价。封堵率就是堵水剂封堵前后水相渗透率的差值与该岩心原始水相渗透率的比值，也是衡量堵水剂改变岩心原始渗透率能力的参数指标。

$$E = \left(1 - \frac{K_{wb}}{K_{wa}}\right) \times 100\%$$

式中　E——调堵剂的封堵率；

　　　K_{wa}——堵前的岩心渗透率；

　　　K_{wb}——堵后的岩心渗透率。

封堵率反映了岩心封堵后水相渗透率的降低程度，与残余阻力系数一样，都反映调堵剂的封堵能力，是评价调堵剂好坏的重要指标。封堵率越大，性能越好。

封堵率的评价方法十分统一，均是通过模拟岩心实验实现。

室内开展了三元复合驱后耐碱颗粒调剖剂的驱替实验（图3-21），实验方案如下：水驱→1.0PV 三元复合驱→1.0PV 耐碱聚合物微球驱→后续水驱。

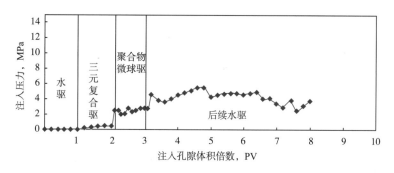

图3-21　耐碱颗粒调剖剂三元驱后注入压力变化曲线

从实验结果可以看出，耐碱颗粒调剖剂具有较高的突破压力和堵塞率，在注入过程中注入压力上升幅度较快。这是由于耐碱颗粒在岩心里溶胀，堵塞了大孔径通道，迫使液流由孔径较小的通道通过，使注入压力提高，随着颗粒在较小孔隙的滞留造成注入压力继续提高，颗粒向前运移变形通过或破碎变成更小的颗粒向深部运移，堵塞解除，导致注入压力随之下降。该实验证实了耐碱微球具有较好进入多孔介质深部运移变形性[36]。

借鉴已实施的三元复合驱调剖现场经验，建议现场施工注入 3000~5000mg/L 耐碱颗粒调剖剂。由于区块的地质状况不同，根据油层物性和现场压力上升情况调整调剖剂使用浓度。

2. 耐碱凝胶型调剖剂

高分子聚合物溶液中加入交联剂，就会形成空间网状结构，将液体包在其中，从而使整个体系失去流动性，这种体系称为凝胶体系。凝胶型调剖剂是泵入地下进行交联的，因此在形成凝胶之前，流动性较好，能够运移至地层深部，具有封堵半径大的优点。

（1）耐碱铬凝胶。

耐碱铬凝胶型调剖剂主要由聚丙烯酰胺、高效交联剂、碱性控制剂复配而成，在适当的温度和碱性条件下，在交联剂和碱性控制剂的引发下，发生加聚、交联等聚合反应，生成网架结构的高强度聚合体（图3-22、图3-23），可有效地封堵高渗透层，达到改善吸水剖面、提高波及体积的目的。其中，高效交联剂通过优化反应物配比、体系 pH 值，优选复配剂等方法，控制二聚体、三聚体及线性三聚体的含量，进一步增加体系中活性较高的线性三聚体含量，提高交联剂的反应活性，增强体系性能。

图 3-22 耐碱铬凝胶图片

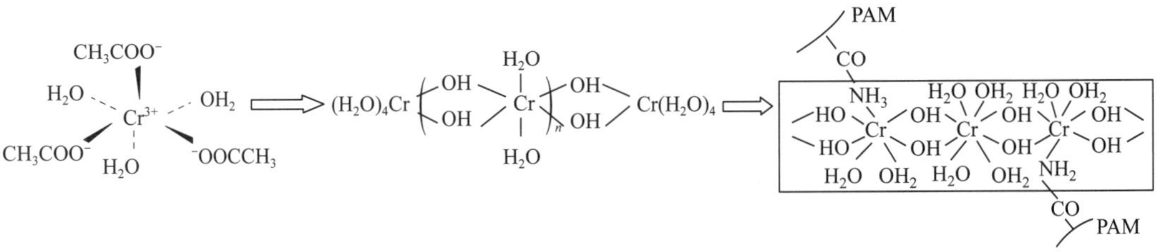

图 3-23 耐碱凝胶反应原理图

①体系配方总体性能。

根据优选的交联剂体系配方，对调剖体系配方的性能进行了评价，表 3-21 中的结果表明：该体系在污水中聚合物浓度为 500~3000mg/L 时均可成胶，成胶时间为 1~5d，成胶黏度大于 3800mPa·s。

表 3-21 交联剂性能评价实验结果

聚合物质量浓度 mg/L	聚交比	初始黏度 mPa·s	成胶时间 d	成胶黏度 mPa·s	pH 值	温度，℃
500	（20~40）：1	6~10	1~5	3800		
1500	（30~40）：1	31~70	1~5	7800	8~10	45
3000	（30~40）：1	180~240	1~3	12000		

②剪切对体系性能的影响。

考察机械剪切对体系性能的影响，以 6000r/min 剪切速率对基液剪切 60s，从实验结果可看出（表 3-22），室内机械剪切对凝胶体系没有明显影响，剪切后溶液初始黏度大幅降低，但剪切后的体系仍可成胶，且黏度无太大变化。

表 3-22 剪切对体系性能影响实验结果

聚合物质量浓度 mg/L	剪切方式	初始黏度 mPa·s	成胶时间 d	成胶黏度 mPa·s
500	未剪切	6.8	5	3600
	6000r/min 剪切	3.0	6	2800
1500	未剪切	31	3	7800
	6000r/min 剪切	8.2	4	6800
3000	未剪切	226	1	12000
	6000r/min 剪切	82	3	8670

③凝胶体系与三元复合体系配伍性。

为考察耐碱型凝胶体系与三元复合体系配伍性，在溶液中混入 0.1%~0.3% 的弱碱表面活性剂，结果（表 3-23）表明，多元络合凝胶体系在 pH 值为 8~10 的碱性环境下成胶，在表面活性剂存在下体系仍然可以成胶，成胶后在 1%NaOH 中浸泡可保持较好的胶团状态，说明后续三元复合体系对胶体破坏性较小，延长了调剖的有效期。

表 3-23 耐碱凝胶体系与三元复合体系配伍性实验

聚合物质量浓度 mg/L	成胶环境的 pH 值	表面活性剂质量分数 %	成胶时间 d	成胶黏度 mPa·s
1500	8~10	0.1~0.3	1~3	7500
3000	8~10	0.1~0.3	1~3	16000

④封堵性能。

采用 4.5cm×4.5cm×30cm 的岩心，聚合物质量浓度为 1500mg/L、聚交比为 20∶1。将 1PV 样品注入岩心，10d 后对岩心进行驱替，评价突破压力及耐冲刷性。实验结果（表 3-24）表明，突破压力大于 3MPa，封堵率达到 99% 以上，实验过程中后续水驱 4PV 时的压力比突破压力高，说明体系封堵具有持续性，有效时间长。

表 3-24 岩心封堵实验结果

岩心编号	聚合物质量浓度 mg/L	岩心渗透率 mD	突破压力 MPa	4PV 压力 MPa	封堵率 %
1	1500	903	3.8	11.7	99.7
2	1500	1233	3.5	7.6	99.8

配方：聚合物质量浓度为 1500mg/L，聚交比为 20∶1。

（2）耐碱树脂凝胶体系[37]。

耐碱树脂类凝胶型调剖剂主要由聚丙烯酰胺、碱性交联剂、控制剂、稳定剂复配而成，在适当的温度和碱性条件下，在交联剂和控制剂的引发下，发生加聚、交联等聚合反应，生成网架结构的高强度聚合体，可有效地封堵高渗透层，达到改善吸水剖面、提高波及体积的目的。耐碱树脂凝胶体系成胶状态和反应式如图 3-24 和图 3-25 所示。

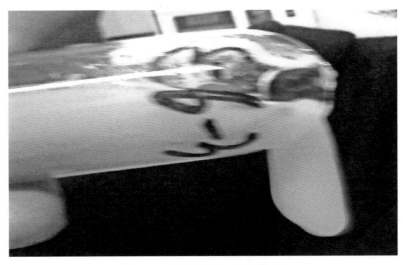

图 3-24　耐碱树脂体系成胶图片

酚醛反应：

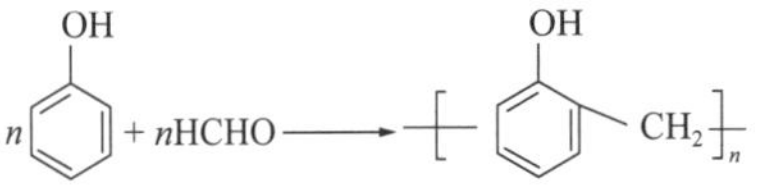

甲醛、聚合物反应：

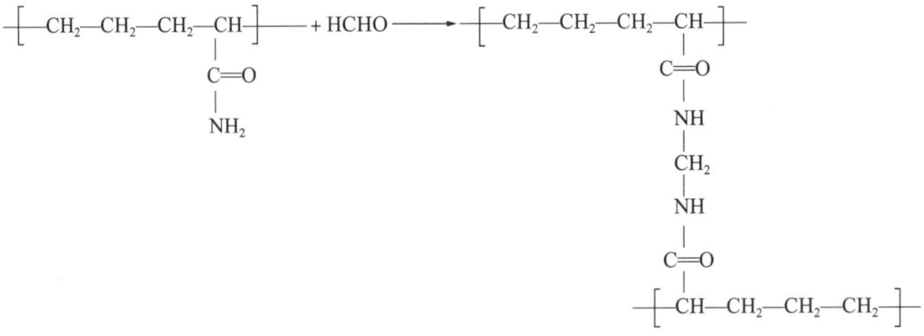

缩聚反应：

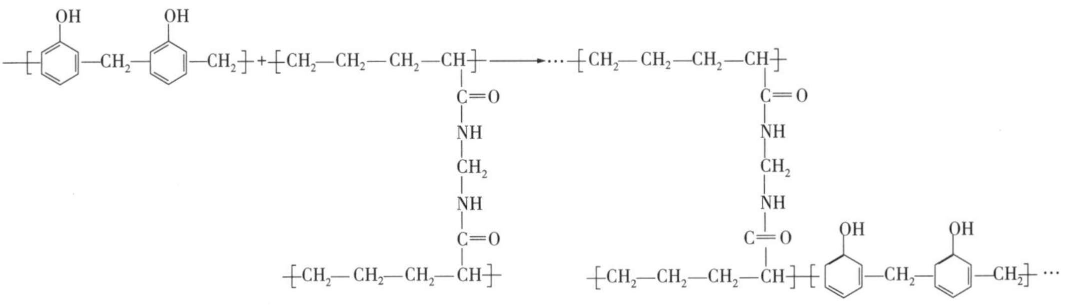

图 3-25　凝胶反应方程式

①聚合物分子量对成胶性能的影响。

三种类型聚合物在强碱环境条件下，均可以反应生成凝胶，在其他组分相同的情况下，大庆生产的分子量为 $1600 \times 10^4 \sim 1900 \times 10^4$ 的聚合物成胶黏度最高（表 3-25）。

表 3-25　大庆生产的不同分子量聚合物的成胶时间及黏度

序号	分子量	水解度，%	成胶时间，d	成胶黏度，10^4mPa·s
1	$1600 \times 10^4 \sim 1900 \times 10^4$	25~30	3	1.4
2	1900×10^4 以上	25~30	3	0.9
3	2500×10^4	25~30	3	0.8

注：大庆生产的聚合物质量浓度为 3000mg/L，温度为 45℃。

②主剂浓度对成胶时间及黏度的影响。

选用主剂质量浓度分别为 1500mg/L、2500mg/L、3000mg/L 和 5000mg/L 的配方体系，进行不同主剂浓度对成胶时间及黏度的影响实验。凝胶形成所需的聚合物浓度范围较宽。如图 3-26 所示，当交联剂浓度一定时，随着聚合物浓度的升高，形成的凝胶黏度增大，交联时间缩短。这是因为在一定条件下，聚合物分子的水力学半径是一定的，随着聚合物浓度的增加，聚合物分子之间碰撞、缠绕的概率较大，与交联剂反应的聚合物分子较多，增加了聚合物分子之间的作用力，使成胶黏度升高。当质量浓度低于 2500mg/L 时，形成体系的黏度相对较低；当主剂质量浓度大于 5000mg/L 时，地面配制困难，考虑现场注入压力及成本等因素，选择主剂质量浓度为 2500~5000mg/L。

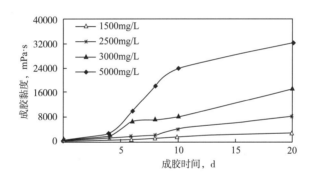

图 3-26　主剂质量浓度对成胶性能的影响

③交联剂浓度对调剖剂成胶性能的影响。

交联剂为有机物，在常温下几乎不释放出有效成分，交联体系处于相对稳定状态。当体系在地层温度下并有碱存在时，有效成分能缓慢释放出来并与聚合物、稳定剂等发生化学反应。在其他组分一定的条件下，进行交联剂浓度对成胶时间及黏度的影响实验。如图 3-27 所示，随着交联剂浓度增加，成胶时间缩短，成胶黏度增大。当交联剂质量浓度小于 1500mg/L 时，体系成胶较慢且成胶黏度较弱；当交联剂质量浓度大于 2000mg/L 时，随着交联剂浓度增加，成胶时间和黏度变化幅度不大。交联剂最佳使用质量浓度为 1500~2000mg/L。

④控制剂用量对成胶时间的影响。

控制剂可以有效地控制交联剂有效成分的释放速度，因而通过调整控制剂用量可以达到控制成胶时间的目的，控制剂用量对成胶时间的影响较大，随着控制剂用量增加，调剖剂的成胶时间缩短（表 3-26）。因此，现场施工时可根据实际情况加入不同量的控制剂以调整成胶时间。

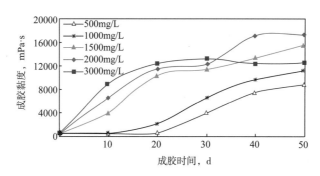

图 3-27　交联剂质量浓度对成胶性能的影响

表 3-26　控制剂质量浓度与成胶时间的关系表

控制剂质量浓度，mg/L	300	200	100	50	0
成胶时间，d	4	6	15	40	—

⑤pH 值对成胶时间的影响。

按照基本配方配制调剖剂，改变体系的 pH 值，对调剖剂的成胶情况进行了实验，pH 值对成胶时间影响较大，随着 pH 值的增加，成胶时间延长；pH 值对成胶黏度无明显影响，说明该体系具有良好的耐碱性（表 3-27）。因此，无论是在三元复合驱前还是在三元复合驱过程中实施调剖，都可以通过改变控制剂的用量，来满足现场施工的需要。

表 3-27　pH 值对成胶时间及黏度的影响

序号	pH 值	成胶时间，d	成胶黏度，mPa·s
1	7	2~3	15033
2	9	3~5	16837
3	12	7~9	18240
4	14	10~15	18741

⑥调剖剂在三元复合驱体系中的稳定性。

调剖剂的稳定性是保证调剖效果的重要因素。为了模拟调剖剂注入地下后的地层环境，实验时，将已成胶的调剖剂浸泡在三元复合驱的注入液中，长期放置于 45℃恒温箱中，观察其黏度变化，该调剖剂在三元复合体系中浸泡 10 个月黏度下降 20%，说明其在三元复合体系中有较好的稳定性（表 3-28）。

表 3-28　调剖剂在三元复合体系中的稳定性

浸泡时间，月	1	3	5	7	9	10
黏度，mPa·s	18140	17920	16710	15840	15590	15580

⑦抗剪切性测定。

在调剖剂注入过程中，由于其受泵、炮眼、地层孔隙的剪切作用，黏度必然有一定损失。为了考察剪切后调剖剂的成胶性能，室内开展了调剖剂抗剪切性能实验，实验温度为 45℃，从实验结果中可以看出，即使调剖剂的初始黏度损失近一半，调剖剂的成胶黏度仍达到很高，说明该体系具有很强的耐剪切性能（表 3-29）。

表 3-29　调剖剂抗剪切性能

主剂质量浓度 mg/L	剪切前		剪切后	
	初始黏度，mPa·s	成胶黏度，mPa·s	初始黏度，mPa·s	成胶黏度，mPa·s
3000	80	17500	44.5	16375

⑧三元复合驱后凝胶型调剖剂岩心封堵实验。

为考察调剖剂对岩心封堵及耐冲刷性能，进行了三元复合驱后凝胶驱替实验。实验方案：水驱→ 1.0PV 三元复合驱→ 1.0PV 凝胶驱→后续水驱。结果表明：对水测渗透率为 0.5~1.0D 的岩心三元复合驱后调剖剂岩心封堵率达到 98% 以上（表 3-30）。

表 3-30　岩心封堵及耐冲刷性实验

岩心号	水测渗透率 mD	调剖后水测突破压力梯度 MPa/m	4PV 后岩心渗透率 mD	封堵率 %	阻力系数	残余阻力系数
1	1084	4.00	13.50	98.3	254	80.2
2	872	5.04	10.58	98.7	298	82.4
3	454	5.91	4.57	98.9	301	99.3

二、三元复合驱调剖剂效果室内模拟

三元复合驱调剖剂效果室内模拟主要通过岩心驱替实验来实现，采用不同型号的岩心进行不同目的的实验模拟[38]。

本节主要介绍了多管并联岩心分流实验、"1 注 4 采"驱油模拟实验评价调剖剂的封堵性能以及不同调剖时机的措施效果，利用三维可视岩心模拟实验装置跟踪驱替过程中的压力场和流场变化。通过多种模拟手段的结合，全面模拟了三元复合驱深度调剖措施效果。

1. 分流模拟实验

1）双管并联岩心分流实验

利用 1m 长的双管并联长岩心填砂模型模拟了渗透率级差 3.0、2.25 的三元复合驱后调剖流量分配和压力变化情况、对比了三元复合驱后调剖不同注入量（0.1PV、0.3PV）以及不同调剖时机（三元复合驱后、三元复合驱中）的流量分配和压力变化情况。实验装置由驱动系统、填砂管模型、压力测量系统、采出液收集系统、控制系统五部分组成。

实验用长 100cm、直径 2.5cm 的并联长岩心，中间设置两个测压点，分别测试岩心中部前段、后段压力，分析调剖前后高低渗透层不同位置的压力变化。

（1）双管并联填砂管模型设计。

实验前先在圆管填砂模型上利用不同目数石英砂的不同配比，测量渗透率。选用不同配比的石英砂作为实验用的多孔介质，将混配好的石英砂，利用干法填充在 1m 长的填砂管模型。

模型 1：填砂模型渗透率 600mD、1800mD（渗透率级差 3.00）。

模型 2：填砂模型渗透率 400mD、900mD（渗透率级差 2.25）。

（2）驱替设计。

方案 1：模型 1 水驱稳定 + 三元复合体系 0.54PV+ 凝胶 0.3PV 候凝 96h+ 后续水驱。

方案 2：模型 2 水驱稳定 + 三元复合体系 0.54PV+ 凝胶 0.3PV 候凝 96h+ 后续水驱。

方案 3：模型 1 水驱稳定 + 三元复合体系 0.54PV+ 凝胶 0.1PV 候凝 96h+ 后续水驱。

方案 4：模型 2 水驱稳定 + 三元复合体系 0.54PV+ 凝胶 0.1PV 候凝 96h+ 后续水驱。

方案 5：模型 1 水驱稳定 + 三元复合体系 0.30PV+ 凝胶 0.3PV 候凝 96h+ 三元复合体系 0.24PV+ 后续水驱。

方案 6：模型 2 水驱稳定 + 三元复合体系 0.30PV+ 凝胶 0.3PV 候凝 96h+ 三元复合体系 0.24PV+ 后续水驱。

（3）实验结果分析。

① 凝胶体系能够起到改善流量分配的效果。

从渗透率级差 3.0 三元复合驱后调剖测压点曲线可以看出（图 3-28、图 3-29）：调剖后，入口端整体压力上升，由 0.1MPa 上升至 0.5MPa 左右，同时注入凝胶后低渗透层的后端两个测压点较高渗透层同位置测压点压力明显升高，低渗透层的压降减小，证实高渗透层得到有效封堵；从流量分配实验结果中可以看出注入凝胶前、后高渗透层分流量由 66.70% 降至 51.50%，后续水驱回升至 56.80%，阶段降幅达 15.2 个百分点。同样，渗透率级差 2.25 的并联岩心也有类似的实验规律。

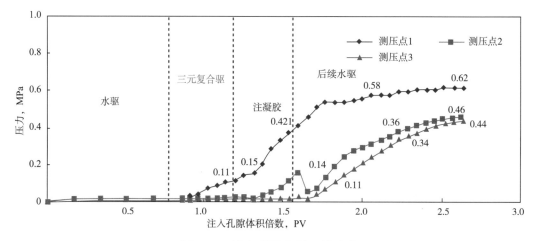

图 3-28　低渗透层测压点压力变化

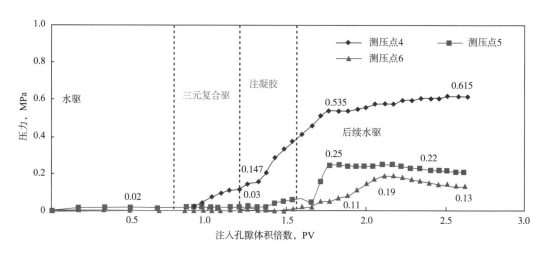

图 3-29　高渗透层测压点压力变化

②渗透率级差越大，流量分配改善效果越好。

为了研究不同渗透率级差条件对调剖措施的影响，根据现场地质情况，设计了渗透率级差为 3.0、2.25 的并联填砂管模型。从不同渗透率级差下调剖流量分配实验结果可以看出（图 3-30、图 3-31）：渗透率级差越大，高渗透层的分流率下降幅度越大，级差为 3.0、2.25 的岩心模型，注凝胶前高渗透层分流率分别为 66.70%、65.35%，三元复合驱后注凝胶高渗透层分流率分别为 51.50%、53.27%，水驱稳定后渗透率级差越大，高低渗透层的分流率越接近。

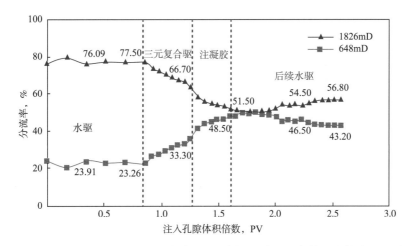

图 3-30　渗透率级差 3.0 三元复合驱后调剖流量分配测定结果（凝胶 0.3PV）

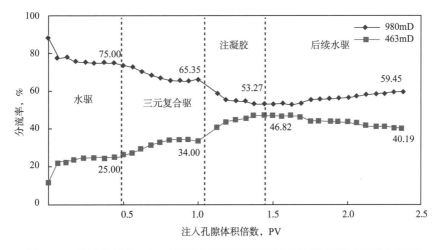

图 3-31　渗透率级差 2.25 三元复合驱后调剖流量分配测定结果（凝胶 0.3PV）

③调剖用量越大，流量分配改善效果越好，调剖有效期越长。

通过对比渗透率级差 3.0（高渗透率为 1800mD 左右，低渗透率为 600mD 左右）模型 0.3PV 和 0.1PV 凝胶注入量的分流量效果，可以看出（图 3-32、图 3-33）：注入凝胶 PV 数越大流量分配改善效果越好，0.3PV 注入量的方案注入凝胶前、后高渗透层分流率由 66.70% 降至 51.50%，后续水驱回升至 56.80%，阶段降幅达 15.2 个百分点；0.1PV 注入量的方案注入凝胶前、后高渗透层分流率由 61.40% 降至 58.60%，后续水驱回升至 74.36%，阶段降幅 2.8 个百分点，有效期短。

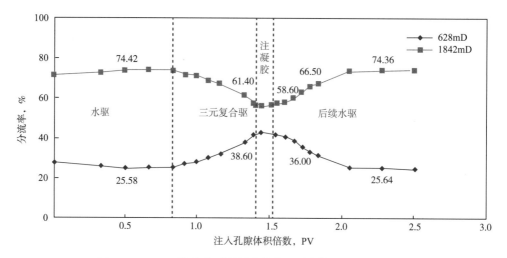

图 3-32　0.1PV 注入量下调剖流量分配测定结果（凝胶 0.1PV）

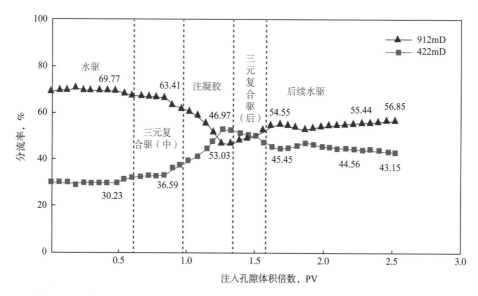

图 3-33　渗透率级差 2.25 三元复合驱（中）调剖流量分配测定结果（凝胶 0.3PV）

④三元复合驱（中）调剖流量分配改善效果好于三元复合驱（后）。

以渗透率级差为 2.25、注入量为 0.3PV 的岩心实验对比为例（图 3-31、图 3-33）：注入凝胶前水驱稳定阶段高渗透层分流率为 69.77% 左右、三元复合驱（中）调剖前分流率为 63.41%，调剖后高渗透层下降至 46.97%，而同期低渗透层的分流率由 36.59% 上升至 53.03%，分流率首次产生交叉，而三元复合驱（后）调剖，高渗透层调剖前后分流率由 65.35% 降至 53.27%，阶段降幅低于三元复合驱（中）调剖 4.36 个百分点；由于变异系数小，有效期短，导致后续分流率回升。

2）三管并联岩心分流实验

采用不同渗透率并联岩心模拟平均渗透率为800mD、变异系数为0.54的地层参数，对比三元复合驱（中）不同凝胶段塞组合的调剖效果，分析调剖前、后高中低渗透层流体的分流率变化。

（1）三管并联岩心模型。

模型尺寸：3.5cm×3.5cm×30cm并联组合岩心。

三管渗透率分别为300mD、900mD和1100mD。

（2）驱替设计。

方案1：水驱2.0PV+三元复合体系0.54PV+后续水驱。

方案2：水驱2.0PV+三元复合体系0.30PV+凝胶0.30PV（1500mg/L）+三元复合体系0.24PV+后续水驱。

方案3：水驱2.0PV+三元复合体系0.30PV+凝胶0.30PV（3000mg/L）+三元复合体系0.24PV+后续水驱。

方案4：水驱2.0PV+三元复合体系0.30PV+凝胶0.15PV（1500mg/L）+凝胶0.15PV（3000mg/L）+三元复合体系0.24PV+后续水驱。

方案5：水驱2.0PV+三元复合体系0.30PV+凝胶0.15PV（3000mg/L）+凝胶0.15PV（1500mg/L）+三元复合体系0.24PV+后续水驱。

（3）实验结果分析。

从注入3000mg/L凝胶体系与1500mg/L的凝胶体系对比来看，高强度凝胶对高渗透层具有较好的封堵效果，注入3000mg/L凝胶体系，高渗透层分流率降低幅度大；注入1500mg/L凝胶体系，高渗透层调剖后流量有回升趋势（图3-34）。

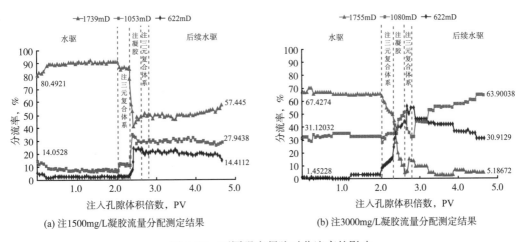

图3-34 不同强度凝胶对分流率的影响

同时，先1500mg/L后3000mg/L的凝胶段塞组合流量分配改善效果优于先3000mg/L后1500mg/L的凝胶段塞组合，先1500mg/L后3000mg/L段塞组合较先3000mg/L后1500mg/L段塞组合在调剖后高、中、低渗透率岩心流量分配更加相近（图3-35）。因此，现场实际应用多采用高浓度段塞进行调剖封口。

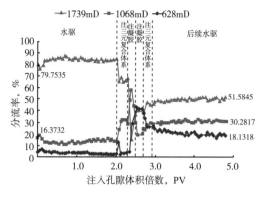
(a) 先3000mg/L后1500mg/L凝胶流量分配测定结果

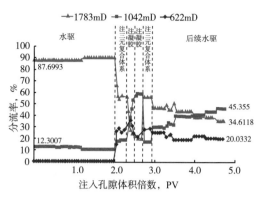
(b) 先1500mg/L后3000mg/L凝胶流量分配测定结果

图 3-35　段塞组合分流率影响对比实验

2."1 注 4 采"驱油模拟实验

利用变异系数为 0.54、平均渗透率为 800mD 的"1 注 4 采"三维非均质模型开展不同注入时机（三元复合驱前、三元复合驱中、三元复合驱后调剖）调剖措施效果模拟实验，研究调剖措施在三元复合驱不同注入时期的效果。

（1）模型参数。

模型：渗透率为 300mD、800mD 和 1100mD（变异系数为 0.54）；尺寸为 30cm×30cm×7cm。

（2）驱替方式。

方案 1：水驱 95%+ 聚合物 0.05PV+ 三元复合体系 0.54PV+ 后续水驱 98%。

方案 2：水驱 95%+ 聚合物 0.05PV+ 凝胶 0.3PV+ 三元复合体系 0.54PV+ 后续水驱 98%。

方案 3：水驱 95%+ 聚合物 0.05PV+ 三元复合体系 0.3PV+ 凝胶 0.3PV+ 三元复合体系 0.24PV+ 后续水驱 98%。

方案 4：水驱 95%+ 聚合物 0.05PV+ 三元复合体系 0.3PV 三元复合体系 0.1PV+ 凝胶 0.3PV+ 三元复合体系 0.14PV+ 后续水驱 98%。

（3）实验结果分析。

从"1 注 4 采"驱油模拟对比实验采收率曲线可以看出：在三元复合驱不同阶段开展调剖措施，三元复合驱前调剖效果最好，三元复合驱中调剖优于三元复合驱后调剖。相同条件下三元复合驱前调剖最终采收率为 70.49%、三元复合驱阶段采收率为 24%；三元复合驱中调剖最终采收率为 67.45%、三元复合驱阶段采收率为 22.5%；三元复合驱中后调剖最终采收率为 64.77%、三元复合驱阶段采收率为 21%；而空白最终采收率为 61.32%、三元复合驱阶段采收率为 20%（图 3-36）。

3. 饱和度场可视化模拟实验

为实时监测调剖前后地层中流场及压力场的变化，采用可视三维物理模拟装置模拟调驱实验（图 3-37）。实验装置由驱动系统、实验模型、饱和度测量系统、压力测量系统、采出液收集系统、控制及测量系统六部分组成，模拟了聚合物驱后三元复合驱前不同调剖用量的措施效果。

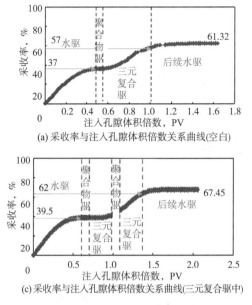

(a) 采收率与注入孔隙体积倍数关系曲线(空白)

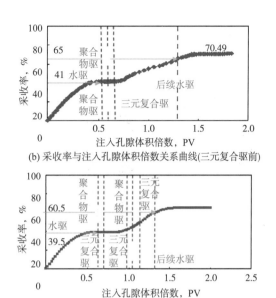

(b) 采收率与注入孔隙体积倍数关系曲线(三元复合驱前)

(c) 采收率与注入孔隙体积倍数关系曲线(三元复合驱中)

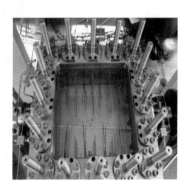

(d) 采收率与注入孔隙体积倍数关系曲线(三元复合驱中后)

图 3-36　不同调剖时机对采收率的影响曲线

图 3-37　三维物理模拟装置模拟装置主体图

（1）模型参数。

模型采用半胶结岩心涂层。尺寸为 40cm×40cm×21cm，温度为 45~90℃，压力为 1~15MPa。分层布置 48 个饱和度探头和 39 个压力探头，实时数据采集。底层渗透率为 1200mD，中层渗透率为 700mD，顶层渗透率为 200mD。

（2）驱替设计。

方案 1：水驱 95%+ 聚合物 0.76PV+ 水驱 95%+ 凝胶 0.1PV+ 水驱 95%+ 三元复合体系 0.54PV+ 水驱 98%。

方案 2：水驱 95%+ 聚合物 0.76PV+ 水驱 95%+ 凝胶 0.3PV+ 水驱 95%+ 三元复合体系 0.54PV+ 水驱 98%。

（3）实验结果分析。

可视三维物理模拟装置模拟再现了不同驱替时期残余油的分布状态，直观反映出高渗透层的窜流通道位置，实时监测了不同层位、不同区域剩余油的动用程度（图 3-38 至图 3-40）。从注入不同孔隙体积倍数调剖剂的驱油效果来看，调剖剂用量越大，调驱效果越好，0.3PV 和 0.1PV 方案最终采收率分别为 72% 和 63%。从饱和度场图可以看出，水驱结束时 0.3PV 的凝胶方案高、中、低渗透层含水饱和度明显高于注 0.1PV 凝胶方案的高、中、低渗透层含水饱和度。

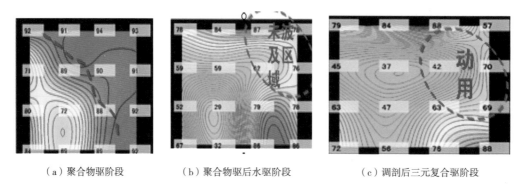

（a）聚合物驱阶段　　　　　（b）聚合物驱后水驱阶段　　　　　（c）调剖后三元复合驱阶段

图 3-38　不同驱替阶段饱和度场变化（单位：%）

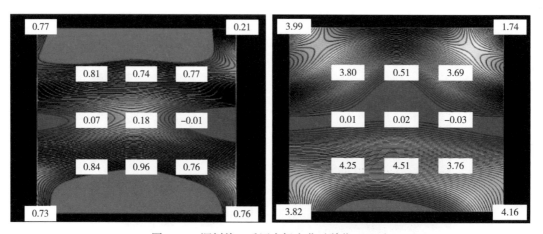

图 3-39　调剖前、后压力场变化（单位：MPa）

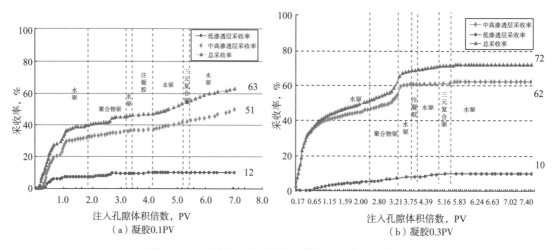

（a）凝胶0.1PV　　　　　　　　　　　　　　（b）凝胶0.3PV

图 3-40　不同注入量三维物理模拟采收率对比曲线

三、三元复合驱调剖方案设计及施工工艺

为了提高三元复合体系的利用率，控制流体单层突进，规范三元复合驱调剖方案编制，所制订的调剖方案应包含以下内容：

（1）区块的概况。

区块概况中包含地质概况、开采简史、区域构造特征、储层沉积特征、油层非均质性、化学驱控制程度、油层水淹状况等方面的资料数据，提供选井依据。

（2）区块现状及存在的问题。

区块注采情况及目前存在问题，存在问题中包括注入井压力统计、剖面统计及油井含水、产液强度统计。

（3）选井选层原则及调剖井的确定。

在井组河道砂发育、连通关系好、注采系统完善井区，优选注入能力强、剖面突进严重、注入压力低的注入井为根本原则，根据区块的实际情况确定具体原则，根据选井选层原则确定拟调剖井，拟调剖井的各项指标与选井选层原则的符合率大于90%。

提供拟调剖井的基础地质数据及开发数据，在附图中提供调剖前的剖面测试数据及吸水指示曲线，指导调剖参数设计。

（4）调剖体系的选择。

调剖体系的选择包含以下几方面内容：一是调剖剂在三元复合驱条件下的初步筛选与确定，在调剖剂的筛选过程中，药剂至少在两种以上；二是所选调剖剂的总体性能评价，确定调剖剂的性能指标；三是所选调剖剂的应用情况（应用实例）；四是所选调剖剂与调剖区块的油、水、三元复合体系等参数的配伍性。

（5）调剖参数的设计。

①通过高渗透油层的发育和水淹状况以及所测的吸水剖面资料进行综合判断，确定调剖层位。

②根据砂体连通情况确定调剖方向数。

③确定调剖半径（以数值模拟效果及经济效益确定具体的调剖半径，或者根据已实施的现场试验经验确定半径）。

④根据取心资料确定调剖层孔隙度。

⑤调剖段塞设计及注入速度等参数的设计。在段塞设计过程中应有预期压力升幅及调整预案，在整个设计中应有调剖预测效果（以压力升幅或各调剖井能达到的压力值）。

（6）深度调剖剂配制和注入设计。

现场配制要求及注入要求中应包含工艺要求、设备的数量及性能要求，根据实际情况提供流程示意图。

（7）调剖费用及经济效益预测。

根据调剖用量计算药剂用量，给出调剖费用；根据数值模拟效果给出投入产出比或前文所举调剖应用实例，经验预测调剖效果，给出投入产出比。

（8）方案实施要求。

参加单位的职责分工及 HSE 要求。

（9）应用效果。

　　2008—2016 年，三元复合驱调剖体系共计在 17 个区块调剖 230 井次，调剖井注入井剖面得到明显改善（图 3-41、图 3-42）：调剖后平均注入压力上升 1.56MPa，视吸水指数下降 21.09%，有效厚度动用比例提高 8.5 个百分点，连通油井累计增油 101917t。

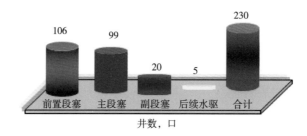

图 3-41　三元复合驱深度调剖措施应用统计

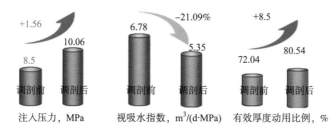

图 3-42　三元复合驱深度调剖措施注入井效果统计

第四章 化学驱堵水工艺技术

第一节 聚合物驱堵水工艺技术

大庆油田已进入高含水开发后期，随着开发的进一步深入，聚合物驱、三元复合驱的上产，加密井网的完善，措施频繁，储层受长期开采及各种增产措施的影响，致使近井地带原始孔隙结构遭到破坏，地层情况变得错综复杂，对其孔隙状态在很大程度上有着不可预见性。单液法堵水[39-41]已作为成型的技术用于油井内高含水、高产液层的封堵，该技术具有安全性好、工艺简单、技术成熟度高、施工效果好、成功率高等优点。近年来为解决油田发展中出现的新问题，对单液法堵水技术进行了适应性的改进，可以解决聚合物驱开发过程中大井距多层系堵水、厚油层堵水、出聚井封堵、出砂井封堵、窜槽井封窜、小井眼封窜、薄夹层细分堵水等难题，为油田增油降水起到了明显的作用。

一、聚合物驱堵水剂体系

1. 堵剂机理

堵剂主要由主剂、引发剂、添加剂等组成。将上述几种组分按一定配比混合后注入地层，在地层条件下，经引发剂作用发生自由基加聚反应，通过增强剂的连接使高分子衍生物形成"硬、韧"的三维网状体，并与无机填料形成牢固的互穿网络体系。网状体内的空间由带有多价阳离子或极性基团的分子填充，多价阳离子或极性基团与主链和增强剂上的极性基团通过配位键或基团的极性作用、刚性性质，增强了主剂与主剂、主剂与增强剂、增强剂与增强剂之间的连接，限制了主体链段的旋转和振动，最终使整体结构强度增大，有效地封堵地层孔隙及裂缝；同时，反应后的产物还具有遇水微膨的特性，可与地层基质紧密黏结，延长封堵的有效期。

2. 性能评价

为保证该堵剂的现场应用效果，进行了大量的性能评价试验。从室内实验来看（表 4-1），该堵剂具有较好的造壁防渗滤作用，对于各种人造均质岩心（渗透率为 0.3~3D）存在良好的端面效应，在大于 5MPa 的注入压力下，堵剂进入岩心的深度小于 16mm，封堵后承压大于 10MPa，封堵率达 95% 以上，符合堵得浅、堵得住、易解堵的要求。同时，该堵剂配制简单，动用设备少，成胶时间可控（3~8h），且对管柱黏结力很弱，不会出现焊管柱的问题，能够满足现场施工的要求。

表 4-1 室内岩心封堵效果

岩心	渗透率，D		注入压力，MPa	突破压力，MPa	封堵率，%
	封堵前	封堵后			
1	4.352	0.098	0.5	9.6	97.7
2	1.357	0.053	0.9	10.0	96.1
3	0.512	0.021	1.2	13.3	95.9
平均值	—	—	—	—	96.5

3. 技术改进情况

在实际应用中，原有的单一技术已不能适应油田发展的需要，为此研制出与该技术相适应的转向剂、预封堵剂、暂堵剂[42]、速凝堵剂[43]等配套功能性堵剂，拓宽其应用范围。目前，该技术除可完成层厚在 20m 以下、夹层在 1.6m 以上、地层温度为 35~85℃的常规堵水作业外，还可根据现场情况利用暂堵、速凝等工艺进行复杂井况的油水井层系封堵或封窜。另外，相应的配套措施齐全成熟，其化堵管柱可一次完成验窜、求产、化堵、验效、重复化堵等多项工序，提高施工效率。

二、现场应用情况及效果

1. 层系封堵

由于生产的需要，一些聚合物上下返试验区需要将高含水的层系进行封堵，为聚合物驱上下返做前期调整。由于所需封堵的层系中不同渗透率的厚油层、薄油层掺杂，使注入堵剂的剖面极不均匀，影响封堵效果；同时，为配合试验区正常生产，要求堵后承压在 15MPa 以上，施工后找水测试必须为零，因此，利用常规的工艺施工不仅成本较高且很难达到一次成功。如何在保证堵剂均匀进入每个层的同时，又能保证对高渗透层有足够的封堵强度，是保证层系封堵效果的关键因素。以某井为例，该井封堵层系为 PⅠ2—PⅡ3₂，厚度达 18.8m（有效厚度为 17.0m），现场试注时，2MPa 下注入量 712m³/d。针对该井吸入量大、层位分布复杂的情况，采取了先注入预封堵剂，封堵高渗透率的层位，并注入转向剂进行吸液"剖面调整"，最后利用堵剂本体转向，均匀进入地层的工艺。这样既可保证层系全封堵，又可保证封堵强度。施工后试注，16MPa无注入量。堵后经环空测试证明封堵层系不产液。1999—2004 年，共完成 23 口井层系封堵施工，其中注入井 3 口，电泵井 12 口，总封堵厚度为 320.9m（平均厚度为 13.95m），有效厚度为 262.1m（平均厚度为 11.39m），利用相应的工艺施工，成功率达 100%，施工后经测试表明，封堵层系均不出液或不吸液，满足聚合物上下返试验区层系调整的要求。

2. 厚油层堵水

厚油层是油田开发的主力层，经多年开采后，含水率较高。由于厚油层层内渗透率差异较大，堵水施工时注入的堵剂多沿高渗透带窜流，而低渗透带进入较少，正常生产后，采出液容易在低渗透带窜出，导致堵水效果变差；同时近井地带经射孔或压裂等措施及生产抽汲后，存在大孔道和裂缝，仅依靠原有堵剂的造壁防渗滤作用不能产生良好的防滤失效果，施工用量较大，成本高，效果不理想。针对厚油层的地质特点，研究了一种有效的转向剂，使堵剂具有良好的本体转向功能。该转向剂为硬、韧的弹性体，与堵剂配伍性良好，且有较好的可泵性，能在大孔洞中形成物理堵塞，保证堵剂均匀进入地层，经现场应用，效果良好。以 B1 井为例，该井封堵层（萨Ⅱ15+16—萨Ⅲ³）层厚 9.5m，一次施工成功，取得了增油 8t/d、降液 33m³/d、有效期 2 年以上的好效果。利用该工艺，完成 30 口层厚超过 8m 的厚油层堵水作业，一次施工成功率超过 90%。

3. 窜槽井封堵

近几年来，随着加密井网的完善，近井地带的压力系统遭到破坏，致使固井质量下降，出现大片窜槽井，有些地区的窜槽井段高达 100~200m，严重影响了油井正常生产。在油井封窜中，控制不污染或尽量少污染非目的层，以达到不影响油井正常生产的目的，是油田开发中亟待解决的难题。为此，采用预封堵技术来控制对非目的层的污染。该预封堵剂为一种高分子化合物，在水中呈长链状，在一定压力下能流动，可保留地层中原有的水流通道；在油层中呈蜷曲状，可形成弱强度保护层，使后续的堵剂很难突进，施工结束后，预封堵剂可随井下流体排出。油井槽上下窜封堵井可以采取先注预封堵剂及转向剂，待泵压升高后，再注入混合好的堵剂和转向剂，转向剂的阻滞作用使主剂的流动阻力增大，大部分堵剂和转向剂进入窜槽部位及封堵层预封堵剂所保留的水流通道，堵剂的黏壁性和转向剂的转向作用使压力再次升高，最终使堵剂纵横向挤实，达到封堵、封窜的目的。以南 4-21- 丙 658 井为例，该井堵前全井产液量为 88m³/d，产油量为 4t/d，含水率为 95.1%，堵后产液量为 77m³/d，产油量为 42t/d，含水率为 41%，获得增油 38t/d，降水 54.1%。

第二节　三元复合驱堵水工艺技术

目前，三元复合驱油技术已进入工业化推广阶段，自 2014 年起三元复合驱上产已达到 200×10^4t 以上。截至 2017 年，三元复合驱工业化区块达到 29 个，累计动用地质储量 2.34×10^8t，年上产油量连续 2 年达 400×10^4t 以上。"十三五"期间，三元复合驱年均新增注入井百口以上，在三次采油过程中起到了重要的产量接替作用。三元复合驱采出井部分井网与水驱井网交叉，部分井管外窜造成层间窜槽严重，影响三元复合驱开发效果。北一区断西区块水驱开发的 48 口采油井中 28 口井含水率异常下降，水驱井网受效增油 15326t。三元复合驱开发层系内不同采出井综合含水率、采出化学剂浓度存在一定差异，平面矛盾突出，部分采出井含水上升快，见剂浓度高。统计了 6 个三元复合驱区块，共 823 口采油井，其中采剂浓度高于全区 20% 的井数比例达 11.0%，含水回升速度高于全区的井数比例达 31.5%。通过多年攻关，形成了适合三元复合驱的堵水工艺技术。

一、耐碱堵剂体系

针对三元复合驱碱性环境及窜槽井的地质特点，要求研制的堵剂必须有很强的抗碱性、很高的固化强度及适宜的固化时间。堵剂主要由主剂、固化剂、增强剂、添加剂、抗碱剂等组成。主剂为高分子化合物，固化剂为过硫酸盐，增强剂为双丙烯酰胺。抗碱剂是一种天然矿物质，外观为纤维状长丝，与水混合变黏稠，并且能中和一定量的碱。添加剂的主要成分为硅酸盐。其中，抗碱剂是解决堵剂与三元复合驱环境是否配伍的关键。将上述几种组分按一定配比混合后，高分子衍生物在固化剂的作用下，通过增强剂的连接而形成一个三维的网状体。网状体内的空间由带有多价阳离子或极性基团的分子填充，最终使整个凝胶强度增大（图 4-1）。

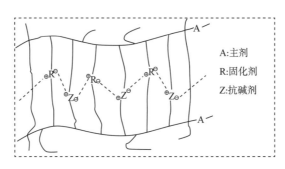

图 4-1　耐碱封窜剂固化后结构示意图

A:主剂
R:固化剂
Z:抗碱剂

1. 主剂、固化剂、增强剂、添加剂的确定

通过室内实验，筛选出合理的主剂、固化剂、增强剂、添加剂用量，得出各组分质量分数与固化时间、固化强度的关系曲线（图 4-2 至图 4-5）。固化强度的单位是 kgf/cm，表示为使堵剂高度上产生 1cm 的形变，需施加多少的砝码重量。

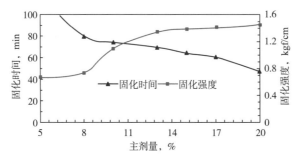

图 4-2　主剂质量分数与固化时间、固化强度的关系曲线
固化剂 1.0%，增强剂 0.5%，实验温度 45℃

由图 4-2 可知，随着主剂质量分数增加，固化时间缩短，固化强度增强。当主剂质量分数低于 5% 时，堵剂不能完全固化；主剂质量分数高于 17%，固化强度没有太大提高，而固化时间大大缩短，达不到现场施工要求，且堵剂成本较高。所以确定主剂质量分数范围为 13%~17%。

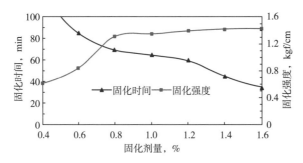

图 4-3　固化剂量与固化时间、固化强度的关系曲线
主剂 15%，增强剂 0.5%，实验温度 45℃

由图 4-3 可知，随着固化剂质量分数增加，堵剂固化时间缩短，固化强度增强。固化剂质量分数低于 0.6%，堵剂固化强度太低，甚至不固化；高于 1.2%，固化强度略有增强，

但固化时间太短，故确定固化剂质量分数为 0.8%~1.2%。

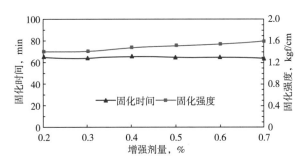

图 4-4　增强剂量与固化时间、固化强度的关系曲线

主剂 15%，固化剂 1%，实验温度 45℃

由图 4-4 可知，增强剂质量分数增加对固化时间没有太大影响，但固化强度有所增加。而增强剂用量太多，堵剂固化后发脆，影响封堵效果。因而，确定增强剂用量为 0.4%~0.6%。

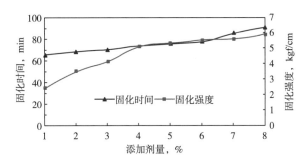

图 4-5　添加剂量与固化时间、固化强度的关系曲线

主剂 15%，固化剂 1%，增强剂 0.5%，实验温度 45℃

由图 4-5 可知，加入添加剂后，堵剂的整体强度提高了 3~4 倍。随着添加剂量增加，堵剂固化强度增强，固化时间延长，确定添加剂质量分数为 4%~6%。

2. 配方筛选正交实验

由以上实验综合考察各组分的固化时间、固化强度及材料成本，确定出各组分的质量分数范围：主剂为 13%~17%，固化剂为 0.8%~1.2%，增强剂为 0.4%~0.6%，添加剂 4%-6%。为了确定各组分达到最佳配伍效果时的浓度值，又进行了该配方的正交实验。其因素水平见表 4-2。

表 4-2　因素水平

水平	因素			
	A（主剂），%	B（固化剂），%	C（增强剂），%	D（添加剂），%
1	13	0.8	0.6	5
2	15	1.0	0.4	4
3	17	1.2	0.5	6

因为该实验是一个四因素实验，为尽量减少实验量，选用 $L_9(3^4)$ 比较合适。正交实验设计及实验结果见表 4-3。

表 4-3　正交实验设计表及实验结果

实验号		因素				固化时间 min	固化强度 kgf/cm
		A	B	C	D		
1		1	1	1	1	75	4
2		2	1	2	2	70	3.64
3		3	1	3	3	65	6.67
4		1	2	2	3	65	2.86
5		2	2	1	3	60	5
6		3	2	2	1	60	5.71
7		1	3	2	3	50	3.64
8		2	3	3	1	50	4
9		3	3	1	2	45	5.71
固化时间	I	90	210	180	185	T=540	
	II	180	185	180	180		
	III	170	145	180	175		
	R	20	65	0	10		
固化强度	I	10.5	14.31	14.71	13.71	T=41.23	
	II	12.64	13.57	12.99	12.21		
	III	18.09	13.35	13.53	15.31		
	R	7.59	0.96	1.18	1.6		

根据现场试验情况，要求堵剂固化强度高、固化时间适宜。由极差 R 可以得出，就固化时间而言，因素的主次关系为 B、A、D、C，固化剂量是影响固化时间的主要因素，该指标的最优组合为 A1、B1、C1、D1；就固化强度而言，因素的主次关系为 A、D、C、B，主剂量是影响堵剂固化强度的主要因素，该指标的最优组合为 A3、B1、C1、D3，两种指标下的主剂量与添加剂量存在差异。由于添加剂在时间指标中为非主要因素，在强度指标中为较主要因素，故选择 D3 时间、强度都较适宜；主剂因素 A1 固化强度太低，A3 固化时间较短，故选择 A2。对正交筛选的较优组合 A2、B1、C1、D3 进行了重复试验，堵剂的固化强度为 5.4kgf/cm，固化时间为 60min。所以确定主剂质量分数 15%、固化剂质量分数 0.8%、增强剂质量分数 0.6%、添加剂质量分数 6% 为最佳堵剂配方。

3. 抗碱剂的研究

正交实验筛选出的堵剂在清水中具有很高的固化强度，但在强碱性条件下却表现出絮凝、分层、强度下降等不适应性，为此进行了抗碱剂研究。研制的抗碱剂为纤维状长丝，与水混合变黏稠，并且能中和一定量的碱。抗碱剂的加入解决了堵剂在碱水中的析出现象，不但使堵剂与碱水及三元复合驱注入液能够很好地混溶，而且提高了堵剂的整体强度。加入了抗碱剂的堵剂被称为 SYD 抗碱堵剂。

（1）碱对堵剂固化时间及固化强度的影响。

考虑到三元复合驱注入过程中地层 pH 值不断变化，用不同质量分数的 NaOH 溶液来配制堵剂，测定不同 NaOH 溶液质量分数下堵剂的固化时间及固化强度，并与不加抗碱剂的普通堵剂相比较。实验结果见表 4-4。

表 4-4　碱对耐碱堵剂及普通堵剂的影响

碱液质量分数，%	1.2		1.0		0.8		0.6		0.4		0	
固化时间，min	58	40	60	45	60	47	63	49	65	55	65	65
堵剂	耐碱	普通	耐碱	普通	耐碱	普通	耐碱	普通	耐碱	普通	耐碱	普通
固化强度，kgf/cm	5.0	1.54	5.2	1.66	5.2	2.5	5.5	3.0	5.7	5.9	6.5	5.6

注：抗碱剂含量为 1%，实验温度为 45℃。

碱液质量分数越高，普通堵剂越易絮凝、分层，而抗碱堵剂在不同质量分数的 NaOH 溶液中均悬浮均匀。由实验结果可知，普通堵剂在碱液中固化强度大大降低，而抗碱堵剂的固化强度与普通堵剂在清水中相当。

（2）抗碱剂量确定。

抗碱剂加入量与堵剂固化时间、固化强度的关系见图 4-6。

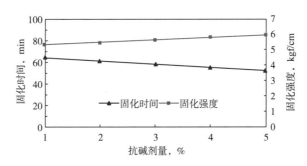

图 4-6　抗碱剂量与固化时间、固化强度的关系曲线（1%NaOH，45℃）

由图 4-6 可见，随着抗碱剂量增加，SYD 堵剂固化时间缩短，固化强度增强。根据实验现象，超过 5% 的抗碱剂会使 SYD 堵剂异常黏稠，不易于现场泵送，而且固化时间较短。故确定抗碱剂量为 3%~5%。

（3）三元复合驱注入液与堵剂的配伍性。

三元复合驱注入液中除含碱外，还含有表面活性剂及聚合物。用从试验区取来的注入液加入不同比例清水配制堵剂，测定堵剂的固化时间、固化强度。实验结果见表 4-5。

表 4-5　堵剂与三元复合体系注入液的配伍性

ASP 质量分数，%	100	80	60	40	20	0
固化强度，kgf/cm	5.7	5.7	5.7	6.0	6.4	6.7
固化时间，min	60	60	60	65	65	65

注：抗碱剂含量为 3%，实验温度为 45℃。

由表 4-5 得出，堵剂与三元复合驱注入液的配伍性良好，固化后仍能达到很高的强度，固化时间在 65min 左右，能满足现场施工要求。

（4）堵剂在三元复合驱体系中的稳定性。

堵剂的稳定性是反映封堵施工后有效期长短的一个重要指标。实验时，将已固化的堵剂浸泡于三元复合驱注入液，长期放入 45℃ 恒温箱中，观察堵剂的强度变化。堵剂强度随时间变化情况见表 4-6。

表 4-6 堵剂强度变化情况

浸泡时间，d	30	90	240	365
固化强度，kgf/cm	6.1	5.7	5.5	5.2

由表 4-6 可见，堵剂强度在 365 天内无显著下降，说明堵剂的稳定性良好。

4. 堵剂封堵性能评价

为考察堵剂在三元复合驱环境下对不同渗透率岩心的封堵能力，选择渗透率差异较大的一组人造岩心进行了物理模拟实验。实验流程为：水测渗透率→饱和三元复合驱注入液→注入堵剂→候凝 24h（45℃）→三元复合驱注入液反向驱替测突破压力及岩心封堵率。实验结果见表 4-7。

表 4-7 堵剂封堵效果评价

岩心编号	渗透率，D		注入压力 MPa	突破压力 MPa	封堵率 %	备注
	封堵前	封堵后				
1	4.352	0.056	0.5	13.5	98.7	实验岩心为 φ3.8cm×30cm，非胶结
2	1.357	0.012	0.9	13.2	99.1	
3	0.512	0.006	1.2	13.2	98.8	

从表 4-7 得出，堵剂在三元复合体系环境下对岩心的封堵能力较好，岩心突破压力平均为 13.3MPa，岩心封堵率在 98% 以上。

二、现场试验及效果分析

三元复合驱窜流封堵现场试验取得较好效果，有效期在 12 个月以上。试验井封堵后平均日产液由 64m³ 降至 32m³，G1 井封堵前找水测试自喷产水 9m³，堵后无自喷产水（图 4-7）。该井堵后采剂浓度（聚合物、碱、表面活性剂）分别下降 13%、85.7% 和 100%，表明窜流层位得到封堵（表 4-8）。

表 4-8 G1 井封堵前后数据对比

措施	日产液 m³	日产油 t	含水率 %	采出液聚合物质量浓度 mg/L	采出液碱质量浓度 mg/L	采出液表面活性剂质量浓度 mg/L
封堵前	44.3	0.97	97.8	394	378.4	79
封堵后	25.4	0.78	96.9	342	54.0	0

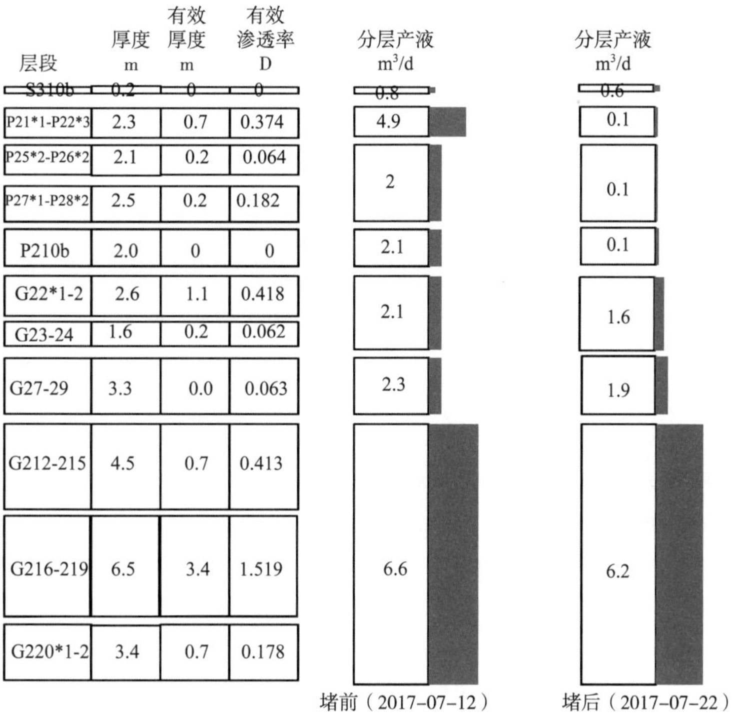

层段	厚度 m	有效厚度 m	有效渗透率 D	分层产液 m³/d	分层产液 m³/d
S310b	0.2	0	0	0.8	0.6
P21*1-P22*3	2.3	0.7	0.374	4.9	0.1
P25*2-P26*2	2.1	0.2	0.064	2	0.1
P27*1-P28*2	2.5	0.2	0.182		
P210b	2.0	0	0	2.1	0.1
G22*1-2	2.6	1.1	0.418	2.1	1.6
G23-24	1.6	0.2	0.062		
G27-29	3.3	0.0	0.063	2.3	1.9
G212-215	4.5	0.7	0.413		
G216-219	6.5	3.4	1.519	6.6	6.2
G220*1-2	3.4	0.7	0.178		

堵前（2017-07-12）　　　堵后（2017-07-22）

图 4-7　G1 井找水测试结果

参 考 文 献

［1］刘伟成，颜世刚，姜炳南，等.在用碱的化学驱油中硅铝垢的生成碱与高岭土的成垢性能［J］.油田化学，1996，13（1）：64-67.

［2］沈微.油田三元复合驱结垢样品形貌及结晶形态研究［D］.吉林：吉林大学，2012.

［3］Neira-Carrillo A, Pillai S, Pai R K. Selective control of calcium corbonate crystals morphologies using sulfonated polymer as additive［J］. Journal of the Chilean Chemical Society, 2014, 59（1）: 2308-2310.

［4］丁红霞，尹晓爽，杨文忠.聚合物与表面活性剂混合模板调控碳酸钙结晶［J］.人工晶体学报，2011，40（1）：258-265.

［5］贾庆，周斌.三元复合驱硅硅质垢的形成机理及影响因素［J］.油气田地面工程，2001，20（1）：31-32.

［6］蔡国斌.无定形碳酸钙的一些合成、转化及性质研究［D］.合肥：中国科学技术大学，2010.

［7］Eiblmeier J, Dankesreiter S, Pfitzner A, et al. Crystallization of mixed alkaline-earth carbonates in silica solutions at high pH［J］. Crystal Growth & Design, 2014, 14（12）: 6177-6188.

［8］Matthias K, Emilio M G, Fabian G, et al. Stabilization of amorphous calcium carbonate in inorganic silica-rich environments［J］. Journal of the American Chemical Society, 2010, 132（50）: 17859-17866.

［9］罗明良，蒲春生，王得智，等.油水井近井带无机结垢动态预测数学模型［J］.石油学报，2002，23（1）：61-66.

［10］Henry A, Stiff J, Davis L E. A method for predicting the tendency of oilfield waters to deposit calcium carbonate［J］. Journal of Petroleum Technology, 1952, 4（9）: 213-216.

［11］Helgeson H C. Thermodynamics of complex dissociation in aqueous solution at elevated temperatures［J］. The Journal of Physical Chemistry, 1967, 10（10）: 3121-3136.

［12］Macdonald R W, North N A. The effect of pressure on the solubility of $CaCO_3$, CaF_2, and $SrSO_4$ in water［J］. Canadian Journal of Chemistry, 2011, 52（52）: 3181-3186.

［13］Millero F J. The thermodynamics of the carbonate system in seawater［J］. Geochimica Et Cosmochimica Acta, 1979, 43（10）: 1651-1661.

［14］卢祥国，陈会军，单明涛.大庆油田北二区西部注聚井堵塞原因及预防措施［J］.油田化学，2002（3）：257-259.

［15］周万富，赵敏，王鑫，等.注聚井堵塞原因［J］.大庆石油学院学报，2004（2）：40-42，129-130.

［16］曹广胜，李春成，王婷婷，等.杏南油田注聚井堵塞原因及解堵剂配方研究［J］.石油化工高等学校学报，2016，29（2）：32-36.

［17］谢朝阳，李国，王鑫，等.大庆油田注聚井解堵增注技术［J］.大庆石油地质与开发，2003（6）：57-59，74.

［18］张光焰，王志勇，刘延涛，等.国内注聚井堵塞及化学解堵技术研究进展［J］.油田化学，2006（4）：385-388，374.

［19］张岩，隋伟娜，刘国春.聚合物驱解堵增注技术在孤岛油田的应用［J］.钻采工艺，2006（1）：87-90，128.

［20］范振忠，刘庆旺.注聚井解堵剂的研究与应用［J］.科学技术与工程，2010，10（1）：217-219.

［21］李国，王鑫，王锐.注聚井用油层保护剂研究及应用［J］.油田化学，2004（2）：169-171.

［22］朱贵宝.注聚井解堵增注技术研究［D］.大庆：大庆石油学院，2007.

［23］邱杰.注聚井防压裂裂缝口闭合工艺技术研究［J］.油气田地面工程，2009，28（1）：21-22.

［24］王中国，徐国民，林亚光，等.杏北油田聚驱压裂防砂工艺探讨［J］.大庆石油地质与开发，2005（4）：4，49-50.

［25］孔昭柯，崔岚，海玉芝，等.提高聚丙烯酰胺微凝胶热稳定性的研究［J］.油田化学，2002（3）：360-364.

［26］张承丽，王鹏，宋国亮.高矿化度下弱凝胶体系调剖性能研究［J］.石油化工，2019（1）：59-64.

［27］王克亮，孔辉，付国强，等.部分水解聚丙烯酰胺/乳酸铬在油田污水条件下的成胶特性研究［J］.油田化学，2016（2）：240-243.

［28］余天宝.有机铬交联剂的环境适应性分析［J］.云南化工，2018（4）：137-137.

［29］赵秀娟，陈铁龙，王传军.一种低温铬冻胶堵剂的研制［J］.油田化学，2001（3）：225-227.

［30］金志，郭茂雷，申哲娜.低温复合交联凝胶调剖剂配方的研制［J］.重庆科技学院学报（自然科学版），2017（3）：27-30.

［31］任敏红，陈权生，焦秋菊，等.有机铬交联剂CXJ-Ⅱ的研制与性能［J］.石油与天然气化工，2007，36（2）：142-144.

［32］叶卫报，徐鹿敏，马中跃，等.一种采油用复合有机铬交联剂的制备方法：CN105199694A［P］.2015-12-30.

［33］庄容.耐温耐碱聚合物凝胶调剖剂的合成［D］.哈尔滨：哈尔滨工业大学，2009.

［34］张丽梅.耐碱聚合物微球调剖技术在三元复合驱的应用［J］.科学技术与工程2012，9（1）：46-48.

［35］陈远.耐碱聚合物微球颗粒调剖技术［J］.油气田地面工程，2011，30（9）：85-87.

［36］张丽梅，杜辉，王秀华.长效复合耐碱凝胶微球颗粒调剖技术［J］.科学技术与工程，2011，8（1）：59-62.

［37］李建阁，吴文祥，张丽梅.耐碱凝胶体系的研制与应用［J］.科学技术与工程，2010，10（25）：23-25.

［38］张世东，李庆松，王庆国，等.三元复合驱深度调剖物理模拟实验研究［C］//张方礼.第七届化学驱提高采收率技术年会论文集.北京：石油工业出版社，2018.

［39］高淑贤，赵学昌，冯永才，等.大庆油田近期开发的单液法化学堵水技术［J］.油田化学，1994（3）：262-265，272.

［40］周望，王贤君.AP4高聚物单液法化学堵水技术［J］.试采技术，1999（4）：35-37.

［41］周泉，雷达，古海娟.单液法堵水技术的改进及在油田高含水后期的应用［J］.试采技术，2003（4）：44-47.

［42］李泽锋，高燕，王祖文，等.油溶性暂堵剂YDJ-1的制备及性能评价［J］.油田化学，2021（1）：47-51.

［43］程木林，王泽云，李清中.双液速凝高强度堵剂的研究［J］.大庆石油地质与开发，1998（5）：36-38.